# 男孩，你的强大最重要

郝国臣　主　编

· 贵阳 ·

**图书在版编目（C I P）数据**

男孩，你的强大最重要 / 郝国臣编著． -- 贵阳 ： 贵州大学出版社，2025. 1. -- ISBN 978-7-5691-0993-1

Ⅰ． X956

中国国家版本馆 CIP 数据核字第 2024MY5256 号

NANHAI,NI DE QIANGDA ZUI ZHONGYAO

# 男孩，你的强大最重要

编 著 者：郝国臣

出 版 人：闵　军
责任编辑：葛静萍　胡　霞
装帧设计：盛世远航
内文版式：盛世远航

出版发行：贵州大学出版社有限责任公司
地址：贵阳市花溪区贵州大学东校区出版大楼
邮编：550025　电话：0851-88291180
印　　刷：三河市九洲财鑫印刷有限公司
开　　本：880 毫米 ×1230 毫米　1/32
印　　张：7
字　　数：160 千字
版　　次：2025 年 1 月第 1 版
印　　次：2025 年 1 月第 1 次印刷

书　　号：ISBN 978-7-5691-0993-1
定　　价：35.00 元

# 前言
PREFACE

男孩，让自己变得强大是最重要的事情。每一位父母都希望自己的男孩能够尽快地成长起来，成为强大的小小男子汉。我们都希望自己的孩子变得自信、阳光，做事干练、内心强大，成为生活中的强者、祖国建设中的栋梁。这就需要让孩子们能够在生活和学习中严格要求自己，从多个方面提升自己的能力，让自己变得强大起来。

男孩要变得强大，首先要从自身修养做起，要规范自己的日常行为，提升自己的思想境界，让自己成为一个品德高尚、尊重他人、谦逊有礼、有责任感、懂感恩的人，只有做到这些，男孩才能为自己的强大打下坚实的基础。

学习能力是男孩能否变得强大的一个关键因素。人的能力的大小很大程度上是由其学习能力所决定的。每个人一来到这个世上都只会哇哇大哭，他们身上具备的本领都是通过后天的学习得来的。善于学习的孩子，就能尽可能多地掌握知识，提升自己的能力，而那些不善于学习或无心去学习的孩子，能力自然就会低下，被社会所淘汰。男孩需要明白自己在为谁学习，自己应该如何去学习，只有采用科学的学习方法，男孩才能高效地学习，掌握更多的科学文化知识，让自己变得更加强大，做更多的事情，为国家做出更大的贡献。

另外，男孩的强大还体现在自我保护能力上，一个能保证自己安全的男孩才算是强大的男孩。如果连自己的安全都保证不了，那男孩又何谈保卫他人、保卫我们的祖国呢？所以男孩要从小树立安全意识，以保护自己的安全。

男孩的强大，从来就不单纯是指自身肌肉力量的强大，我们所讲的强大是男孩综合实力的强大，如处理人际关系的能力、调整自己心态的能力、自我控制的能力、独立生活的能力，都是男孩强大实力的具体表现。人际关系差的男孩很难与别人合作，从而很难整合各方资源，也很难形成强大的合力；而男孩的心态调整能力直接关系到他在做某件事情时的心理状态，一个好的心态是取得成功的重要基础，也直接决定着男孩做事的状态和效率；而自我控制能力更是男孩身与心的一场战争，强大的自我控制能力是男孩能够战胜各种外界诱惑与自身欲望的关键，男孩只有不断战胜自我，才能在事业上取得成功；而说到男孩的独立生活能力，更是男孩是否强大的最直接的检验标准，一个连自己的生活都无法安排好的人，是很难奢望他在其他方面取得成绩的，我们古人所讲的“一屋不扫，何以扫天下”即这个道理。从小让男孩培养独立生活的能力，会让他们在以后的奋斗道路上受益无穷。

让男孩变得强大，更确切地说是要让男孩自己变得强大。强大从来都不是别人要求或给予的，强大需要自己去努力、去锻炼，各位爸爸妈妈要懂得放手，让男孩去自己经历、自己锻炼，让他们自己逐步变强。

本书站在男孩的角度看待问题，与男孩真诚沟通，用心交流，告诉他们在自己变强的道路上需要怎么做，达到什么样的要求才能实现自己的目标。同时，我们也以爸爸妈妈的口吻对孩子提出暖心的建议和忠告，让他们感受到爸爸妈妈对他们的殷切期望。希望本书能够给各位渴望强大的男孩带来帮助，让他们能早日强大自己，实现自己心中的理想。

# 目录 CONTENTS

## 第一课　提升自己的品德



## 第二课　热爱学习、善于学习

## 第三课　平安健康伴我行



## 第四课　拥有良好的人际关系

## 第五课　学会调整自己的心态



## 第六课　自律才能成就卓越

## 第七课　学会独立

# 提升自己的品德

一个人的品德是他做人的根本。在我们成长的过程中，首先要学习的就是如何做一个有品德的人。只有道德高尚、品行端正的人，才有可能为我们的祖国和社会做出贡献，成为被认可和信赖的人。而要提升品德，需要我们从多个方面努力和实践，在日常生活中要严格要求自己，努力提升自我修养，唯有如此，才能在长大后成为一个优秀的人，一个被别人尊敬的人，一个能够为国家和社会做出贡献的人。

## 做个讲诚信的男孩

诚信是一个人最基本的品质，从小培养自己讲诚信的好品质，做一个讲诚信的人，答应了别人的事情就要努力去做只有这样，才能赢得别人的信任。但是在现实生活中，很多孩子却认识不到诚信的重要性，他们感受不到诚信对他们人生的影响，认为诚信是一个可有可无的东西，殊不知失去诚信容易，但如果再想找回来就难比登天了。

小轩和凡凡是同班同学，两人也是非常要好的朋友。星期天的时候，凡凡来到小轩家找小轩玩，小轩正坐在自己的房间里看妈妈刚给自己买的漫画书。见小轩在看书，凡凡便坐到小轩旁边跟着看了起来。这本书实在是太有意思了，凡凡不知不觉也看得入了迷。过了一会儿，凡凡妈妈给小轩妈妈打来电话，说她要外出，让凡凡快点回家。听到这个消息，凡凡有些失望，因为这本书他才看了一小半，后面的内容肯定更有意思。临走之前，凡凡抱着试试看的想法问小轩能否将这本书借给自己看一晚，并说自己明天就把书还给小轩。这确实是一本非常有意思的书，小轩也非常想看，但想到凡凡是自己最好的朋友，小轩就答应了凡凡，让他把书带走了。

第二天，小轩早早地到了学校，他等着凡凡把书还给自己。但让小轩失望的是，凡凡并没有过来还书，而是自顾自地坐到了自己的座位上，好像忘记了还书这回事。课间休息的时候，小轩来到凡凡的座位跟前，问凡凡看完书没，让凡凡看完就还给自己，他还有好多内容没看呢。直到此时，凡凡才想起借小轩书的事情，有些不好意思地说他忘带了，中午放学后会把书送到小轩家里。小轩心中有些不开心，自己把凡凡当最好的朋友，凡凡却一点都不把他的事情放在心上。中午休息的时候，小轩在家里等了一中午，凡凡都没有来送书，小轩委屈得差点哭了。下午到了学校，小轩再次问起凡凡那本书的事，凡凡说他中午吃完饭坐在床上，一不小心睡着了，所以就没有去还书。中午来学校的时候走得匆忙，也没记起来把书带到学校。听了凡凡的回答，小轩感到有些愤怒，凡凡的行为让他非常失望，他觉得自己以前那么信任凡凡，自己还没看完的书就借给他，可凡凡却如此不放在心上。

下午放学后，小轩也不指望凡凡给自己送书了，他来到凡凡家拿走了自己的书。而凡凡丝毫没有意识到自己的失信对小轩以及他们的友谊造成了伤害，还埋怨小轩小题大做，一本书不至于总是追着要。小轩默默地在心中告诉自己，以后不要跟凡凡做朋友了，因为凡凡是一个不讲诚信的人，他心中只有自己，丝毫不把自己对他人许下的承诺当回事。

诚信是人与人交往的基础，当一个人答应过的事没有做到，他就失去了诚信，就会有失去别人信任的可能。因此，一个男孩想要让自己变得强大，首先要讲诚信，做一个言而有信的人。一旦向别人做出了承诺，就要遵守自己的承诺。这是双方建立信任的基础，如果有一方没有信守承诺，会对双方之间的信任造成伤害，要想再次建立信任就非常困难了。

作为男子汉，我们从小就要培养自己讲诚信的好习惯。

不要觉得诚信是无关紧要的事情，认为它看不见摸不着，不会对自己产生影响，这种想法是非常错误的。诚信虽然看不见摸不着，但是它存于在每个人的心中。每个人心中都有一杆秤，你的每一次不诚信的行为都会在别人心中留下不好的印象，它们会降低你在对方心中的信任度，进而对你产生非常不好的影响。

所以我们在生活当中，要注意个人的言行，做不到的事情不要答应，实现不了的承诺不要许诺。我们很小的时候就在语文课本上学到过古人告诉我们的“言必信，行必果”的道理，要珍惜自己的信誉，不要因为一时的方便而放松了对自己的要求，要做一个讲诚信、守信用的小小男子汉。

**爸爸妈妈有话说：**

儿子，你知道吗？在爸爸妈妈心中，你一直是一个守信用、讲诚信的好孩子，希望你能将这一好习惯一直保持下去。相信这样的好习惯会为你未来的人生提供有益的帮助，让你获得越来越多人的信任，让你成为一个值得信赖的人。

## 做个讲文明、懂礼貌的男孩

讲文明、懂礼貌是中华民族的传统美德，也是我们个人素质品行最直接的体现。我们从小就要注意培养自己讲文明、懂礼貌的习惯和行为。作为一个小小男子汉，如果我们在生活中能做到讲文明、懂礼貌，会让我们更受别人的欢迎和尊重。反之，如果我们从小就不讲文明和礼貌，会让别人讨厌我们，影响我们自身的形象，压缩我们的交际空间，对我们的健康成长造成非常严重的伤害。

小江今年十二岁，是个不太讲文明的孩子，他走路的时候会随地吐痰，吃雪糕的时候会乱丢包装袋，有时候甚至会用粉笔在楼道的墙上乱写乱画。因为这些坏习惯，他为自己惹出了一系列的麻烦，小区的邻居和班里的同学都不喜欢这个孩子。

周一，学校组织的各班级文明评比开始了，上一次，小江所在的班级在全年级六个班中排名末位，这让班主任老师和同学们都感到非常沮丧。新的一周，老师鼓励同学们要努力加油，争取好好表现，打个漂亮的翻身仗，将文明班级的锦旗挂到自己的班上。但是，中午课间操的时候，小江在楼道里随地吐痰，让教导处的老师抓了个正着，班级被扣十分。这十分，彻底让小江的班级与文明班级的锦旗无缘。早上还信心满满的同学们瞬间陷入了极大的沮丧之中，大家都不喜欢小江，纷纷抱怨为什么要让小江在他们班。同学们都不愿意与小江交往，认为他就是班里的“害群之马”。而小江觉得自己还挺委屈的，不就是吐了一口痰嘛，自己平时就是这样啊，只不过这次不走运，让教导主任抓到了而已，同学们也太小题大做了。

讲文明，是我们成长过程中需要具备的最基本的素质。小江因为自己不文明的行为，不但连累班级无法获得荣誉，同时也对他的人际关系产生了极大的影响，这对小江的隐性伤害是非常大的。而不文明的坏习惯的养成也绝非“一日之寒”，当我们在日常生活中放松了对自己的要求的时候，坏习惯就会找上我们。小江不可能生来就有这些不文明的坏习惯，这都是他的父母在日常生活中对他过于纵容，不进行文明教育造成的。但不管小江不讲文明的恶习有何原因，最终遭受损失的也只能是他自己。所以我们一定要学会“扣好人生第一粒扣子”，从小严格要求自己，注意自己的品行，不管别人怎么做，我们首先要做好自己的事情，不给自己任何放松要求的理由，做一个讲文明的孩子。

除了讲文明，懂礼貌也是我们成长过程中应该培养的道德品质。一个不懂礼貌的孩子是让人厌恶的，他们不雅的言辞、出格的行为，会让人感到非常不适。遇到这样的孩子，人们在避而远之的同时还会投来鄙夷的目光，同时也会告诫自己的孩子，不要跟这样不懂礼貌的孩子玩。

聪聪和小刚是住对门的邻居，两个孩子年纪差不多，从小就在一起玩。但是随着两人慢慢长大，小刚发现聪聪总是被大人们夸奖，而自己则无人关注。因为这件事，小刚非常苦恼，自己也长得俊俏可爱，为什么大人们都不喜欢自己呢？原来，这都是因为小刚不懂礼貌。

聪聪是个又懂事又懂礼貌的孩子，他在小区里见到认识的长辈，都会打招呼，“叔叔好”“阿姨好”“爷爷好”“奶奶好”……感觉小区里都是他的亲人。这些长辈们也非常喜欢聪聪这孩子。在学校里，聪聪同样是一个懂礼貌的孩子，每当遇到老师，不管是不是教他们的老师，聪聪总是礼貌地问候。老师们都说聪聪真是个懂礼貌的好孩子。而小刚则是另一副模样，他见到人的时候要么低头假装看不见，要么随意发议论，让人不由得皱起眉头，为这个孩子的未来感到担忧。

一天，聪聪在楼下等妈妈回来。这时，住在他家楼下的邻居正好回来，聪聪热情地打招呼：“阿姨好！”邻居听到聪聪打招呼，也热情地回应聪聪，嘘寒问暖，问聪聪妈妈什么时候回来？要不要先到自己家里等？聪聪感谢了邻居阿姨的好意，说道：“不用了阿姨，我妈妈马上就回来。”

聪聪跟邻居的对话，恰好被一对路过的母女听到了，这个女儿怀孕了，她妈妈在陪她散步。妈妈不常在小区居住，就对女儿说：“这是谁家的孩子？真有礼貌，他的爸爸妈妈教育得真好。”女儿回道：“这个孩子叫聪聪，是非常懂礼貌的一个孩子，我们都很喜欢他。”

就在母女俩走路的时候，恰好遇到跟妈妈回到小区的小刚。小刚指着这位孕妇阿姨，大声对妈妈说：“妈妈快看，大肚婆，大肚婆，她的肚子好大啊！”小刚的声音传出了老远。听到小刚的喊叫声，孕妇妈妈的脸色一下变得铁青，她对女儿说：“这个孩子真没礼貌，真不知道他的父母是怎么教他的。”女儿安慰妈妈说：“别理他，妈妈，这个孩子一直都没有礼貌，小区里的人都不喜欢他。”

一个懂礼貌的孩子，才会受到邻居、老师、同学等身边的人的喜欢，而一个不讲文明、不懂礼貌的孩子，他的人际关系定会受到影响，所以我们从小就应严格要求自己，培养自己文明礼貌的素养。而培养这些好的习惯，除了听从父母的教育之外，对自己严加要求更加重要。这要求我们在日常生活中高标准地要求自己，比如，我们要规范自己的仪表，时刻注意自己的形象，穿着要整洁干净，规范坐姿、站姿，规范言语，让自己懂得一些基本的文明用语，将“您好”“对不起”“没关系”“谢谢”常挂在嘴边。如见到认识的人要热情地打招呼；如果别人帮助了我们，我们要懂得说谢谢；如果不小心碰到别人，要向别人道歉，说“对不起”；与此同时，我们还要常把微笑挂在脸上，通过微笑向别人表达我们的善意和尊重。

总之，文明礼貌存在于我们生活的方方面面，并通过生活中的一点一滴体现出来，我们只有时刻告诉自己保持文明礼貌的处事方式，才能将这种好习惯保持下去，让自己成为一个受人欢迎的人。

**爸爸妈妈有话说：**

儿子，文明礼貌直接体现出一个人的素质。爸爸妈妈希望我们的儿子是一个讲文明、懂礼貌的好孩子，希望别人提起我们儿子的时候，能够用欣赏的语气告诉我们：“你们的儿子真是一个讲文明、有礼貌的好孩子，长大后一定非常受大家欢迎。”

## 做个乐于助人的男孩

乐于助人是中华民族的传统美德，也是我们做人的根本，是我们个人素质的重要体现。培养我们乐于助人的优良品质，能够使我们的人格更加完善，让我们在与别人的交往过程中更容易获得别人的认可和欣赏，让我们无论是与别人日常相处还是做事沟通，都会受益匪浅。作为男孩子，我们从小就要培养自己乐于助人的好品质，让自己成为一个受大家欢迎的人。

李帅今年读六年级，从小学一年级开始，他就是班里的班长。他的性格活泼开朗，乐于帮助别人，很受同学们的喜欢。一天，快放学的时候，天空中下起了淅淅沥沥的小雨。同学们都拿出雨伞准备回家，但是刘磊同学却坐在座位上看着窗外发呆。原来他忘记带雨伞了，正发愁如何回家呢。同学们陆续走出了教室，李帅看到刘磊待在那里不动，便猜到刘磊是忘带雨伞了。于是，李帅走过去将自己的雨伞拿出来放到刘磊的面前，对刘磊说："刘磊同学，给你用我的伞吧。"刘磊摇摇头说："不行，你把伞借给我了，你就没有伞用了，会被雨淋湿的。"李帅说："没事，我家离学校近，我很快就能跑回家。你家离学校远，你更需要这把伞。"说着，李帅就快速地跑出了教室，在雨中向家的方向飞奔而去。看着李帅在雨中奔跑的身影，刘磊心中非常感动，觉得李帅真是一位值得深交的朋友。

第二天来到学校，刘磊不仅将伞折得整整齐齐地还给李帅，而且还将自己最喜欢吃的巧克力送给了李帅。刘磊对李帅说："谢谢你，李帅，今后你就是我最好的朋友了。"李帅开心地说："好啊，今后我们就是最好的朋友。"

每当同学遇到困难的时候，李帅总是尽自己最大的努力去帮助他们，赢得了同学们的信赖和友谊。助人为乐，已成为李帅做人的一大原则。他觉得帮助别人摆脱困难，能够体现自己的人生价值，同时，通过帮助别人赢得别人的信赖，会让自己感到很快乐。当看到别人遇到困难的时候，他非常乐意伸出援手，为对方提供自己力所能及的帮助。

李帅同学能够通过帮助别人不断提高自己的思想境界和个人素质，但是并不是所有人都能有李帅这样的觉悟。很多人总是怀着自私的想法去看待帮助别人这件事，以一种“零和博弈”的思维去对待别人的求助，觉得帮助了别人，自己就会受到损失。一些人从功利的角度来看待帮助别人这件事，认为帮助别人是不划算的。其实这样的想法是非常错误的，帮助别人并不能用功利的想法去思考，它是一个提升自我思想境界，拓宽自己人际交往范围的过程。通过帮助别人，你能在别人心中留下更好的印象，获得别人的认可和感谢。在潜移默化中，你会成为一个高尚的人，一个受别人欢迎的人，这对我们的成长而言是巨大的财富，是任何功利的行为都换不来的。所以，在日常生活中，我们一定要树立助人为乐的观念，培养自己助人为乐的优良品质，要在日常生活中努力做到以下几点：

第一，家人之间互相帮助，同学之间互相帮助，邻里之间互相帮助，让助人为乐成为生活中的习惯和常态。

让我们在友爱、互助、温馨、和谐的环境中健康成长。

第二，从点滴小事做起，“勿以恶小而为之，勿以善小而不为”。帮助别人不一定要做出多么惊天动地的大事，只需要我们从小事做起，从身边事做起。只要将助人为乐的精神落实到实际行动中，我们就能感受到助人为乐的快乐了。

第三，正确认识自己助人为乐的行为，不要抱着功利性的想法去帮助别人，那样反而会舍本逐末，让自己陷入认知的误区。

总之，我们从小就要树立助人为乐的思想，提高和完善自己的思想境界，让自己成为一个受大家欢迎和信赖的人。

**爸爸妈妈有话说：**

儿子，爸爸妈妈想告诉你，帮助别人是一种美德，同时也是提升自己人格魅力的最佳途径。帮助别人绝不是你单方面的付出，而是一次双向的奔赴。你在付出自己爱心的同时，收获的是对方的认可和感激，不要低估这份认可和感激。当所有人都认可你的时候，你就是最优秀的那个人。

## 做个懂得尊重他人的男孩

尊重他人，是我们与人交往的一个重要原则。学会尊重他人，是我们成长道路上的一门必修课。

现在，很多家庭只有一个孩子，全家人都宠着这个孩子，于是不少家庭的孩子成了不讲道理、不尊重人的小霸王，全家人都得听他的指挥。如果有人不听他的，他就会行使他的“霸王权力”。这个时候，以爷爷奶奶为首的家人往往就会由着孩子来，让孩子为所欲为。但这样对孩子真的好吗？男孩一旦养成不尊重他人的习惯，就会在未来与人交往的道路上碰壁，对自己的发展产生非常不利的影响。

小磊是个非常懂事的孩子,他平时非常讲文明、懂礼貌，懂得尊重他人。而同学李明则恰恰与他相反，平时总爱欺负小同学，对长辈也没有礼貌，常常会做一些鬼脸吓唬周围的人，或者做一些恶作剧戏弄别人。

一天，李明走在回家的路上，正觉得无聊，他突然看见一个患有小儿麻痹症的孩子正一跛一跛地走着。李明便捉来一只蚂蚁捉弄这个小朋友，果然，这个小朋友被他吓得摔倒在地，大哭起来。李明见情况不妙，赶紧跑了。

小磊看到这个倒在地上大哭的孩子，赶紧走过去，关心地问道："小朋友，你怎么了？为什么在地上哭啊？"说着，便将这个小朋友扶了起来。

小朋友将事情的经过告诉了小磊，小磊安慰了小朋友。旁边的人都夸小磊是个好孩子，斥责李明太不懂事了，搞恶作剧，没规矩，不尊重他人，真是个糟糕的人。

当大家正在你一言我一语地议论时，李明的妈妈正好下班回家路过，她听说是李明搞恶作剧将这位小朋友吓倒在地时，赶紧过去给这位小朋友道歉，并表示回家后一定好好教育李明。

回家后，妈妈与李明认真地谈起了这件事，"小朋友患有小儿麻痹症，他走路本来就很吃力，你再搞恶作剧吓他，你知道他向前走的每一步有多困难吗？我们应该关心他、照顾他、尊重他，给他温暖和力量，而不是戏弄他。”妈妈还给李明讲了尊重他人、关心他人的重要性，李明认识到了自己的错误，表示下午会向那个小朋友道歉。

李明故意戏弄身患残疾的小朋友是非常不对的行为，是对小朋友的不尊重。当小朋友被吓得摔倒在地后，李明完全没有意识到自己的行为会给别人带来哪些危害和后果，也没想过弥补过错，反而选择溜之大吉。而小磊则主动去关心帮助小朋友。不得不说，他们平时的行为习惯正在影响着他们的处事方式和人际交往方式。

在现实生活中，我们应该如何去尊重他人呢？

1. 首先树立尊老爱幼的观念，尊敬父母、长辈，爱护幼小及弱势群体。从身边的小事做起，在路上遇到认识的人主动打招呼，在公交车上主动给老人、小孩让座，不嘲笑、戏弄小孩和残疾人。

2. 及时纠正不尊重他人的言行，不漠视他人对自己的关心，用尊重的口气与人交流。如果发现自己有某些不尊重他人的言行，要及时纠正，争取下次做好。

3. 善于欣赏和接纳他人。设身处地地为他人着想，不做有损他人名誉的事，接纳别人与自己的不同，做到不挖苦、不讽刺、不排斥、不藐视他人。

4. 尊重他人的不同见解，可以用委婉的方式提出自己的观点，大家共同商讨，选出最优方案。

5. 树立“三人行必有我师焉”的处世态度，多学习别人的优点，始终保持谦虚的学习态度。

只有懂礼貌、尊重他人的人才会赢得长辈、老师、同学的喜欢，才会得到更多人对自己的尊重。

**爸爸妈妈有话说：**

儿子，爸爸妈妈很高兴你是一个懂礼貌、尊重他人的孩子。人与人之间就要互相尊重，尊重别人，才会赢得别人的尊重。同时，这也是自身素质和修养最直接的体现。希望你能一直保持这项优秀的品质，这对你将来的发展肯定有非常积极的影响。

# 做个有责任感的男孩

责任感是指一个人有着勇敢尝试、坚持不懈、追求完美、勇于担当的意识。责任感能够体现一个人的能力，体现一个人的素质和修养，责任感赋予了一个人重要的责任和义务。

责任感是一个人必不可少的一种品质，这种品质对于每个孩子的成长都有着非常重要的意义。

一个有责任感的人无论是在家庭中，还是在社会中，都会表现出让人信赖的品德，如能坚守公平公正的原则，自律，自控力超强，能将自己的学习、工作、生活安排得井井有条，努力做到最好，承担起属于自己的那份责任。作为男孩，责任感是衡量其优秀与否的重要标准。

小桐是一名五年级的学生，他是一位热爱集体、责任感超强的班长。平时，他积极配合老师开展班级的各项工作，如带领同学们打扫班级卫生、帮助老师提前准备好上课所需的教具，使老师能够顺利进行课堂教学等。

一天，放学的时候，天空突然变得阴沉沉的，眼看大雨就要来临了，同学们都急急忙忙地收拾书包，想着赶紧回家。小桐发现班里的电脑还没关，他怕一会儿打雷会震坏电脑，于是赶紧走到讲台将电脑关掉，接着，他发现教室的窗户没有关，又赶快走到窗户前将窗户关好。他在教室中环顾一周，检查了一遍电源插头，确定安全了，才背起书包准备离开教室。

班主任老师走来看到了小桐做的一切，欣慰地夸小桐：“你这么有责任心，真是老师的好助手，是个有担当的好班长。”她嘱咐小桐赶快回家，路上一定要小心，注意安全。

像小桐这样有责任感的孩子，相信无论是老师还是父母都非常喜欢。一个富有责任感的孩子不用别人安排和指挥，他会自觉做好分内的事情，凡事都会为他人考虑，相信他在日常生活中早已形成了这种习惯，这种习惯源于父母对他的培养，而儿童阶段是培养孩子责任感最关键的时期。

那怎样才能做一个有责任感的孩子呢？

第一，要重视生活中的一些细节和小事。要在一些琐事中锻炼自己，在家中帮父母做一些力所能及的事情，如扫地、拖地、洗菜、洗碗、扔垃圾等。通过一些简单的家务劳动来体验负责任为自己带来的成就感和满足感，进而增强自己的责任感。

第二，刻意练习，要求自己做事要有始有终。每个孩子对外界事物总保持着好奇，好奇是孩子的天性，孩子也常常因好奇而开始去做一些事。但孩子的这种好奇心也是容易转变的，慢慢地，一些孩子会对一件事情的兴趣变淡，甚至会半途而废。我们可以在自己的内心给自己打一针强心剂，告诉自己一定要将这件事完成，不可以随心所欲，更不能随意结束，培养自己做事有始有终的好习惯。

第三，不要依赖别人，要自己主动做事。不用别人来监督自己，将做事的节奏掌握在自己的手中，主动去做。

第四，培养自己的使命感，激发自己的内在兴趣和责任感。

总之，我们要将责任心融到生活的方方面面中，从小事中培养自己的责任感，这种品质对我们的成长有非常重要的意义。

儿子，作为一个男孩，必须勇于担起肩头的责任，做一个有担当、有责任感的人。爸爸妈妈很欣慰，我们的儿子是一个有责任感的孩子，希望你能继续保持这一优点，赢得别人的信任，为你未来的发展赢得更多的机会。

## 做个懂得感恩的男孩

感恩是指一个人对别人给予的帮助表示感谢。在我们的成长过程中，包括父母、老师在内的很多人都给予了我们巨大的帮助，他们对我们的付出是默默的，是不求任何回报的，可以说，他们是给予我们帮助最多的人。我们应该心存感恩，用自己的方式向他们表示感谢。

然而，现在很多家庭中只有一个孩子，他们被父母及祖辈老人宠爱着、娇惯着长大，过着衣来伸手、饭来张口的日子，他们认为所有的一切都是自己理所当然应该拥有的。只要有一些事情不能满足他们的意愿，他们就会生气、抱怨，甚至大发雷霆。这就是不懂感恩的表现。

李淼出生在一个普通家庭中，从他记事起，父母就经营着一个小餐馆，虽然家里经济条件一般，但父母从没缺少过他的吃穿，尽量满足他生活中的各种需求。

李淼上了初中后，同学们经常在一起炫耀自己的名牌衣服、鞋子。

“你们看，我妈妈刚给我买的新衣服，怎么样，好看吗？”一个同学说。

另一位同学说：“这是我爸刚给我买的某牌运动鞋，穿在脚上特别舒服。”

李淼知道自己家没那么富裕，便没有开口说话，只是默默地听大家你一言我一语地说着。

一天，李淼的同学过生日，邀请他去参加生日派对。

这位同学家境很好，过生日的地方选的是当地一个知名的大饭店，里面的装修非常豪华、气派，同学们在里面尽情地吃喝玩乐，特别开心。

几个月后，李淼的生日到了，爸爸妈妈精心地给他准备了生日会，几个要好的同学都按时来了，气氛也很活跃。但是生日会却不如那位同学的气派，更没有那种豪华规模。

虽然李淼非常期待自己的生日，但这天并没有想象中那么快乐。等同学们都走后，李淼的情绪终于爆发了，他非常生气地对妈妈怒吼道：“我为什么这么倒霉，生在这样一个普通的家庭中，平时吃穿一般也就算了，就连过个生日都这么寒酸。你知道其他同学过生日举办的生日派对有多豪华、多气派吗？再看看我的生日，真是丢人。”

李淼的话刺痛了父母的心，爸爸气愤地说道：“淼淼，我和你妈为了给你过生日，精心准备了好几天，没想到你这么没心没肺，不懂得感恩，真是枉费了我和你妈的一片苦心！”

李淼正在气头上，听了这话，竟生气地直接摔门而去。

李淼在大街上漫无目的地走着，心里还怨恨着自己的家境不好。

李淼一边走一边想着，这时，他被路边小摊上的小男孩吸引住了，那是一个十岁左右的小男孩，他正在和妈妈卖煎饼、烤冷面。看着小男孩娴熟的动作，他愣住了。这时，小男孩清脆的说话声传入耳中：“哥哥，你想吃点什么？”

李淼摸摸衣服口袋，发现自己没带钱，赶忙说：“不好意思，今天我出来着急没带钱，先不要了。”李淼边说边摇摇头，并向小男孩挥了挥手后，便走开了。

李淼边走边不住地回头看那个小男孩，心想：“他那么小，怎么会在那里卖东西呢？他不应该和小伙伴们快乐地玩耍吗？”

李淼一边想着那个小男孩，一边想着自己：“我的家庭虽然不像我们班那几个同学的家庭那么富裕，但我的爸爸妈妈从来没有让我受过苦，更没有让我自己去挣钱，那个小男孩的家庭条件一定不富裕，所以他才出来帮妈妈一起挣钱的。”

想到这里，李淼又想起了刚刚自己对爸爸妈妈大吼大叫的情景，还说了那些令父母伤心的话，他突然觉得自己刚才的行为是错误的。

李淼开始内疚起来，他往家的方向走去。他想，爸爸妈妈现在一定很担心他，他要赶快回家，并向爸爸妈妈道歉，以后一定不能再这样对父母乱发脾气了。

李淼刚开始对爸爸妈妈为他办的生日会非常不满，生日会结束后还对爸爸妈妈大发雷霆，恶语相向。他自己不快乐，也伤了父母的心。后来，李淼在路边看到比自己小的男孩在帮妈妈卖煎饼和烤冷面，小男孩的家庭条件不好，但他没有抱怨，还很乐观地帮着妈妈一起劳动。小男孩的做法让李淼幡然醒悟，他懂得了自己应该感恩父母，感激他们对自己的付出。

是啊，一个懂得感恩的人才会懂得珍惜，一个懂得感恩的人才会知足常乐，才会更好地与人相处，才会更好地感悟人生。

作为当代少年，我们要从小培养自己的感恩之心，这对我们的成长和发展有着极其重要的意义。

那我们怎样才能培养感恩之心呢？

第一，在付出中体会感恩。

在家里常帮父母做一些力所能及的事情，在付出的过程中体会父母的感受，体会父母的不容易，从而懂得感恩。另外，要培养自己不吃“独食”的习惯，一个人如果习惯了“吃独食”，他就习惯了索取，今后就很难学会与别人分享，更别说为别人付出，不懂得付出，当然也不懂得感恩。

第二，将“谢谢”常挂在嘴边。

常常对身边的人说“谢谢”，因为“谢谢”一词就是我们表达感恩最简单的方式之一。将“谢谢”常挂嘴边，让“谢谢”成为一种习惯。

第三，多体验不同的生活。

平时多体验不同的生活，不仅可以使自己增长见识，更会让自己加倍珍惜现在拥有的生活。我们可以和爸爸妈妈去孤儿院看望小朋友，去养老院看望孤寡老人，也可以去农村体验“粒粒皆辛苦”，让自己在体验不同生活的过程中懂得感恩，感激自己现在所拥有的一切。

儿子，做人要懂得感恩，这是做人的基本原则之一。一个不懂得感恩的人，是无法获得别人的认可的。如果你不懂得感谢别人的帮助，别人就会对你感到失望，下次在你遇到危难的时候，再也不会对你伸出援手。如果大家都对你失望，你在社会上就会陷入困境，寸步难行。

## 做个谦虚的男孩

古人云："满招损，谦受益。"这句话明确地告诉我们，自满会招来损害，谦虚会让人得到益处。古往今来，有很多人在用行动证明着这一真理。在历史的长河中，你知道有多少王侯将相是在谦虚中崛起的吗？又有多少人是在骄傲中败落的？

我们所熟悉的唐太宗李世民，他吸取了古人的教训，在位时谦虚谨慎、勤政爱民、励精图治，将天下治理得太平昌盛，使唐朝出现了"贞观之治"。李世民也成为明君的典范，名垂千古。而西楚霸王项羽，曾一度威震四方，但由于自己的骄傲自满，落得众叛亲离的下场，最终在乌江自刎。

生活中，我们可以看到：成熟的谷穗低着头，成熟的苹果红着脸，它们似乎都在告诉我们，成功源于谦虚。作为新时代的青少年，我们要想成功，离不开他人的支持。我们只有保持谦虚、低调的态度，才能在需要帮助的时候得到更多人的支持。

李健是个成绩非常优秀的孩子，在班里总是名列前茅，老师和同学们都很喜欢他。

又是一年开学季，新学期新气象。李健发现自己的班级换了一位新班主任，她特别年轻，感觉比自己大不了几岁。

正处于青春期的孩子们，看着这位比自己大不了几岁的年轻老师，便有了自己的想法。他们觉得这个老师太小了，认为她肯定没有什么教学经验，心想："她能交给我们多少知识啊？"李健和班里的同学都心存怀疑，对这位老师有了偏见，他们几个要好的同学也经常在一起谈论这位新老师，丝毫不把这位年轻的老师放在眼里。

一天，李健和爸爸妈妈在家吃晚饭，他谈起了这件事。他说："这学期我们班新换了一位班主任，可笑的是这个老师很小，看上去比我大不了几岁，就像个学生一样。妈，你说她能教好我们吗？"

妈妈听了这话，便严肃起来，对李健说："儿子，年轻老师有年轻老师的优势，比如，年轻老师上课会比年长一些的老师更有活力，年轻老师的教学方法可能会更新颖。总之，每位老师都有自己的优点，无论怎样，你都应该尊重老师，谦虚地学习老师身上的优点，不能傲慢，不能看轻任何人。孔子都说了，'三人行，必有我师焉'。儿子，你要记住，人只有让谦虚成为一种习惯，才能不断成长和进步。"

这时，爸爸又补充道："儿子，一个人的学问和年龄不一定成正比，有的人年纪不大，但早已经成为专家、教授，到各大城市去给人们做讲座，普及相关领域的知识。而且，现在这样年轻的人才还不少呢。儿子，我们需要时刻保持谦虚的态度，向老师和同学学习，学习老师讲的知识，学习同学身上的优点，这样才能不断丰富自己，提高自己，让自己变得越来越优秀。”

李健听着爸爸妈妈对他说的这些话，点点头，似乎明白了一些道理，于是改变了自己对这位年轻老师的看法。

其实，我们从小就学过“谦虚使人进步，骄傲使人落后”这句名言，纵观古今，无数成功者都有着谦虚的高贵品质，他们深知，谦虚可以让自己认识到自身的不足，并在此基础上着重去弥补不足，进而取得进步；同时，谦虚也可以帮助自己获得众人的尊重和支持，最后促使自己获得成功。

谦虚是中华民族的传统美德，也是一种人生态度，更是一种思想，一种学识修养。作为新时代的青少年，我们不能因为自己取得了小小的成绩就沾沾自喜；也不能因为自身的优势而狂妄自大，因为人外有人，天外有天，永远有比你高明的人，所以我们要时刻保持谦虚，拒绝傲慢。

作为一个强大的男孩，我们怎样才能做到谦虚不傲慢呢？

第一，要有谦卑处世的态度；

第二，保持平和的心态，拒绝浮躁和张扬；

第三，取人之长，补己之短。

不论是在生活中还是在学习中，我们都会面临激烈的竞争，面临各种困难或诱惑，要想做一个强大的男孩，我们就要拥有一颗空杯的心，一颗谦逊的心，不狂妄、不傲慢，时刻保持谦虚，这样，才能不断成长，成就自我。

**爸爸妈妈有话说：**

儿子，谦虚是一种处事的态度，同时也是一个人涵养的具体体现。谦虚使人进步，这是一种让你受益终身的处事方式。当你谦虚谨慎的时候，就能虚心地听取别人的意见，虔诚地接受智者的教诲，让自己不但获得了知识，而且也变得越来越强大。

## 做个懂得分享的男孩

现在很多孩子是独生子女，被爸爸妈妈疼爱着、爷爷奶奶娇宠着长大。家长有好吃的先给孩子吃，有好玩的先给孩子玩，孩子则理所当然地享受着这一切。在孩子的世界里，他们一直在独自享用最好的东西，根本没有与他人分享的意识和习惯，在大多数时间里，都沉浸在自己的世界中。长此以往，孩子会变得越来越孤僻，越来越自私。而分享是一种友善的行为，也是一种博爱的心境。一个懂得分享的孩子，会在分享的过程中感受到快乐，也会在分享中交到一些好朋友，拥有好的人缘。

小刚是个高大帅气的男孩，而且学习很好，但美中不足的就是有点自私。小刚是家里的独生子，从小受到爸爸妈妈的宠爱，家里凡是有好吃的东西都给他吃，有好玩的都给他玩，在小刚的脑海中逐渐形成了一种意识："我就应该拥有最好的东西，所有美好的东西都应该属于我。"这就使他形成了自私的毛病，而这种自私的毛病正潜移默化地影响着他和同学们的关系。

一天，课间休息，小刚正拿着一本课外书津津有味地看着，同学李文涛正好路过，看到后就好奇地问："小刚，你看的是什么书呀？怎么那么投入？我也想看看，可以借我看看吗？"

小刚果断地拒绝道："不行，你别打扰我看书。"

李文涛本来是想和小刚开个玩笑，但看到小刚那副不耐烦的表情，又那么无情地拒绝了自己，心里很伤心，便生气地说：“你真是个小气鬼，不借就不借，像你这样自私，我看谁还愿意和你做朋友？”说完，李文涛头也不回地走开了。

这样的事情经常发生在小刚身上，而小刚却不以为意。他觉得自己学习好，平时做好自己的事情就好了。而这样的想法让小刚在后来的人际交往和集体活动中受到了影响。

没过多久，小刚的班级选举班长，小刚自我感觉良好，觉得自己一定会当选班长。可令他万万没想到的是，同学们都不愿意选他，大家说小刚是个自私的人，他有什么好东西都不愿意与同学们分享，不符合当班长的标准。

最后，小刚落选了，他非常难过。

看着闷闷不乐的小刚，妈妈关心地问：“发生了什么事？”

小刚不回答，只是默默地转身离开了。妈妈心里很着急，将此事告诉了小刚的爸爸。晚上吃完饭，爸爸叫小刚一起出去散步，爸爸关心地问：“儿子，爸爸发现你的状态不太好，能和爸爸说说到底发生什么事了吗？”

小刚觉得很委屈，眼泪控制不住地流了出来，随后，他将自己竞选班长的失利和同学们对他的“意见”都说了出来。“为什么他们说我不会分享，说我自私？我已经将我该做的事情都做好了，难道我非得牺牲自己的好东西，牺牲自己的时间和精力去满足他们的需求吗？”

听了小刚的话，爸爸深刻地反思了自己平时对孩子的教育，然后平和地告诉小刚：“儿子，你平时把自己的事情做好没错，也非常棒，但做事和分享并不冲突。比如，你课间看课外书时，同学过来向你借，如果你还想看，可以说：‘这本书我刚买到，里面的内容非常精彩，我已经被它深深吸引住了。这样吧，等我看完，第一时间借给你看，怎么样？’只要你稍作调整，你的同学就不会觉得你小气自私了，他们会非常乐意和你相处的。”

爸爸稍停了一会儿又继续说：“儿子，你再想一想，如果你有一块蛋糕，自己吃了它，蛋糕的甜美只能你自己品尝到，但如果将它分成两份，分享给你的朋友，那么就会有两个人品尝到这块蛋糕的甜美。而且明天他可能会将自己的薯片带来分享给你，如果你再将薯片分享给更多的伙伴，那他们以后也可能会带一些苹果、香蕉、橘子、糖果之类的好吃的东西与你分享，想象一下那时多快乐。现在我们再来看，是自己吃掉那块蛋糕好，还是分享给朋友好呢？我想你心中一定已经有了答案。还有，我们生活在这个世界上，除了要做好自己该做的事情外，还要尽自己所能帮助别人，学会分享，要多交一些好朋友，因为每个人的成功都离不开他人的帮助，离不开亲人、朋友的支持。平时多和朋友分享自己的快乐，分享自己的好东西，你会感受到快乐，收获微笑，收获友谊。朋友之间互相尊重，互相支持，在关键时刻他们会帮助你，支持你。”

小刚认真地听完爸爸说的这些话，他眼睛一亮，一下子明白了，说：“爸爸，谢谢你告诉我这些，从今以后我会做一个会分享、爱分享的孩子。”

第二天，小刚将自己喜欢的巧克力装到了口袋中，他准备将这些好吃的巧克力分享给同学和朋友，他也要感受分享的快乐。

生活中，我们随时都可以分享，分享一块面包、一块巧克力，抑或一件有趣的事、一次成功的喜悦，我们会在分享中听到别人的欢笑声，看到别人的微笑，或听到别人对你说感谢的话。另外，分享还会让我们品尝到幸福的味道。

有人曾说：“一分快乐如果乘以十三亿，就是更大的快乐；一分悲伤如果除以十三亿，就是渺小的悲伤。这就是分享的真谛。”会分享的人，他的生活里充满欢声笑语，不懂得分享的人则会感到孤独。分享是一种关爱，也是一种奉献，更是一种生活智慧。分享就像冬日里的一轮朝阳，可以给人带来光明和温暖。亲爱的男孩，让我们一起做个会分享的人，让我们一起变得越来越强大。

**爸爸妈妈有话说：**

儿子，学会分享是你走向成功的重要的一步。分享是一个人的气度、格局的表现。不懂得分享的人，很难获得别人的认可和青睐。而懂得分享，别人会被你的气度和格局所折服，并与你保持良好的关系，这能为你未来的发展打下良好的基础。

# 第二课

## 热爱学习、善于学习

有人说：“学习很难，学习很累，学习很苦。”也有人说：“学习是世界上最简单、最容易的事。对普通人来说，通过自己的努力就可以改变自己的命运，甚至可以改变整个家族的命运。”你是如何看待学习的呢？

21 世纪是知识大爆炸的时代，知识的更新换代是极其迅速的。我们要想在这个时代生存和发展，必须热爱学习、善于学习，拥有终身学习新知识的能力和主动接受新事物的能力，这样，才能在时代的潮头中立于不败之地。

## 明白自己是在为谁学习

你在为谁读书？有人说是为了让父母高兴而读书，有人说是为得到老师的表扬而读书。其实，我们读书是为了我们自己。很多孩子都在抱怨："父母每天都让我去学校读书，老师每天都要留很多作业，是他们非要让我读书、写作业的，我本来是不想读书的。读书让我的游戏时间减少了很多，甚至被繁多的作业占用了几乎所有时间，现在，我一点玩的时间都没有了。"孩子的这种抱怨其实是他们不成熟的一种表现。他们还没有真正认识到学习对于他们人生发展的重要意义。当今的社会，竞争越来越激烈，学习是一个人实现理想、成就自我的捷径，如果无法把握学习这条捷径，那人生之路会曲折很多。

所以男孩，请你一定要及时认清自己到底是在为谁学习、为何而学，不要在最应该学习的年龄选择了安逸和享乐。

同时，现在有很多孩子在学习中迷失了自我，被学习成绩所左右，无法认识到学习的意义。其实，学习成绩只是我们阶段性学习的一个见证，只是我们阶段性学习成果的一个检验，虽然好的成绩可以让我们顺利进入一所更好的学校，但不能保证我们一生都幸福和成功。

李辉在小学和初中阶段成绩一直在班里名列前茅，是老师眼中的好学生，父母眼中的好孩子。李辉很享受老师和父母对他的夸赞，也很享受同学们对他的崇拜和羡慕。

到了高中，班里成绩突出的同学非常多，而李辉的成绩在班里只能算是中等，他没有了小学和初中时的优越感。渐渐地，李辉的心情变得压抑，再加上学习压力特别大，他变得有些不敢面对考试了。

一天，学校即将举行期末考试，李辉怕自己考不好，给妈妈打电话说："我不想参加考试了。"

妈妈问明原因后对李辉说："儿子，你不要把考试成绩看得太重，考试只是对我们这段时间学习成果的一个检测，看你学会了哪些知识，哪些地方还有欠缺，只要你及时查漏补缺就可以了。你别给自己太大的压力，别把分数看得太重，分数只是一个数字，更重要的是你学会了多少知识。你在为自己读书，你读书是为了学会更多的知识，将来实现自己的理想。”

李辉在妈妈的耐心开导下才慢慢放宽了心，去参加了期末考试。最终，他的期末考试成绩也没有他想象的那么糟糕。

考试只是检测我们学习状况的一种手段，不可否认，考试结果对我们未来的发展有一定的作用和影响，但它不是决定因素。我们要用平常心去看待它，将自己欠缺的部分弥补起来，做到真正掌握所学知识就可以了。

孩子，我们一定要知道自己是在为谁读书。要知道，我们不只是为了取得一个优异的成绩而读书，我们为的是让自己真正掌握知识，不断提高自己的学识，完善自己的人格，将来为社会的发展和祖国的繁荣昌盛做出贡献。这是我们当代青年有责任、有担当的一种表现。我们是祖国的未来，是中华民族的希望，中华民族悠久的历史和文明需要我们去传承和发扬光大。

孩子，你现在所学的知识将来会成为你人生中不可或缺的宝贵财富。学生时代是我们人生中最美好的一段时光，要好好学习，为自己的将来打下坚实的基础。

我们所熟知的鲁迅先生，他最初学的是医学，为的是将来学有所成可以救治病人，当时，中国人被外国人称为“东亚病夫”，他想通过学医来改变中国人的健康状况。可后来，他发现中国人精神上的麻木比身体上的虚弱更可怕，鲁迅便决定弃医从文，他要用文学作品改变中国人的思想和精神，改变中华民族在世界上的悲剧命运。鲁迅先生先前的医和之后的文学创作都是为了改变中国人的命运，都是为了国家和社会的发展，鲁迅先生身上体现的就是一种伟大的责任感和使命感。

我们只有从小就树立伟大的理想，才会有为理想而奋斗的动力，才能读好书、学好知识，才能不断向前，才能不因为一时的分数高低而患得患失。

孩子，当我们明白自己读书的真正目的后，就会知道，学习是自己取得成功的一种方式，现在学到的知识可以成为我们将来获取幸福的武器，可以成为建设祖国的利器，现在努力学习是为了将来遇见更好的自己，是为了让祖国变得更加繁荣强大。

**爸爸妈妈有话说：**

儿子，学习是你这一阶段最为重要的任务，这关系到你未来人生的发展方向，请你一定要格外重视，不要荒废了自己的学业。同时，也请你认识到你学习的意义是什么，分数只是你努力学习的结果，真正掌握知识和本领才是你学习的根本目的，这些知识将来会帮助你创造巨大的价值，让你成为给国家和人民做出贡献的人。

## 每天进步一点点

世界上任何的成功都不是巧合，而是不断努力与坚持的结果，是从每天迈一小步、每天进步一点点积累起来的。每天进步一点点，看似不起眼，但如果你坚持每天进步一点点，那么这些一点点就会累加、积攒起来，也许半年、一年看不到什么变化，但三年、五年、八年、十年的一点点积累起来就会成就一个人，让他变得优秀，甚至让他成为某一领域的专家。

孩子，在你的成长中是否对自己有过要求？是否每天坚持再进步一点点呢？

也许你会说：“我每天的学习任务那么重，老师留的作业那么多，我写作业都快写不完了，哪有时间干别的呢？更别说每天进步一点点了。要说进步，那就是每天上课学的知识让我比前一天进步了一点点。”其实，对于学生来说，这就是进步啊！

恩泽从小就喜欢读书，以前是妈妈陪着他一起读，后来恩泽慢慢长大了，便开始自己读书。随着恩泽的年级不断升高，课业量不断增加，他感觉每天的时间都很紧张，过多的作业有时也让他愁眉不展，有时甚至会写作业到深夜。即使在这样紧张的生活节奏中，恩泽每天也会抽出一点时间读自己喜欢的科普书、漫画书、文学作品等。恩泽是怎么做到的呢？

原来，他在中午放学回家时，等妈妈做饭、盛饭的时间读，在睡午觉前，他也会拿起书读一会儿。

就这样，一天又一天，一年又一年，他坚持每天都读一点课外书，每天都进步一点点，而每天的坚持也让他得到了收获。他文学常识的积累比别人多，写作比同班同学更有特色和魅力，文笔也更流畅。他的作文经常被老师拿到班里当范文给同学们读，当老师讲到一些关于历史、地理等相关知识时，他都知道。恩泽了解的知识范围极其广泛，他在不知不觉中为自己打下了坚实的学习基础。

有一次，恩泽在课堂上出色地回答了老师的问题，老师问："你是什么时候学到这些知识的？"

恩泽回答道："其实我也没专门学，只是有时间就喜欢看书，可能是我经常看书，在不经意间学到的吧。"

同学们用非常惊讶的眼神看着恩泽，问道："我很好奇你是怎么做到的？我们每天有那么多作业要写，哪有时间啊？"

恩泽不紧不慢地回答道："时间就像海绵里的水，挤一挤总是会有的，比如吃饭前、睡觉前，我们要在每天有限的时间里挤出一点时间去读书。每天进步一点点，日积月累，你的知识就会很丰富了。”

这时，全班响起了雷鸣般的掌声。

一个人只有每天进步一点点，之后才有可能会向前迈进一大步。孩子，如果你想要告别平庸，就先要在平凡中不断进取，我们只有每天进步一点点，才会慢慢由量变转化为质变，实现质的飞跃。

俗话说：“越努力越幸运。”万事开头难，只要我们开始了，每天进步一点点其实是一件很开心的事，看着自己每天都在进步，每天都有收获，心里是充实的，长期坚持下去就一定会有收获。

**爸爸妈妈有话说：**

儿子，学习就好像你往自己的存钱罐里存钱，别管多少，只要不断地往里放，等过一段时间后，你会发现你的存钱罐里已经收获满满。在你学习的时候，不要觉得学的时间短，学的知识量小就没有意义，只要你坚持，你会发现自己取得的进步已经非常惊人。

## 做一个主动学习的男孩

现在常听一些父母抱怨自己的孩子："学习的时候推一推就向前走一走，不推就不走。""我们家孩子每天写作业好像给我写的，你不说，他从来不会自己去写。""我们家孩子一写作业就脾气暴躁，好像是我在跟他过不去一样。"这些家长的烦恼反映了当代孩子在学习中普遍存在的问题——学习没有主动性。而正确的学习方式一定是主动的、积极的，自觉主动更能调动一个人的积极性和创造力，假如一个人一直处在这种良好的状态中，取得成功是早晚的事。

中国著名教育家叶圣陶先生曾做过一个实验：

叶圣陶先生将一只大公鸡抱到讲台上，然后在这只公鸡周围撒一些米，接着按住这只公鸡的头让它吃这些米，公鸡躲闪始终不肯吃。后来，他放开了这只鸡，自己离开，让公鸡自由觅食，一会儿，公鸡就自动过来啄米吃。

叶圣陶先生说："我们要调动孩子的积极性，让孩子主动学习才行。我们的教育就像喂这只公鸡一样，按着孩子，让孩子被动学习不会有好结果。”的确，如果我们学习时一直处于被动状态，就像公鸡被按着吃米那样，是学不好的。

一个孩子能否主动学习直接关系到其学业发展的水平，如果一个孩子能主动学习并使之成为一种习惯，这对他一生的发展都是有益的。

陈浩明是一名八年级的男生，他经常是在父母的监督和催促下完成作业的，成绩一直保持在班级中上等水平。由于功课越来越多，而且越来越难，陈浩明的压力越来越大，他感觉自己每天都在机械地学习，那些知识在生活中根本用不到。他也没有在学习中真正得到快乐，学习越来越没有动力，没有主动性。

妈妈看出儿子最近的状态不对，似乎比平时多了一些焦虑，便问儿子到底怎么了，儿子将自己的忧虑告诉了妈妈。妈妈告诉儿子：“不能将读书学习变成一种机械的工作，如果没有好奇心，缺乏求知欲，没有主动性，就不会在学习中体会到乐趣。你现在所学的知识就是在为将来打基础、做铺垫。学习就是一个由不知道到知道的过程，主动探索其中的奥秘才会学得轻松，只有通过不断学习，积累足够多的知识和经验，才能实现自己的理想。孩子，学习是你实现理想的捷径，你要充分发挥自己的主观能动性，发愤图强，提高自己的综合实力，让自己走向成功。”

听了妈妈的话，陈浩明点点头，表示要为了自己的理想而努力学习。

英国文艺复兴时期的作家、哲学家弗朗西斯·培根说过：“谁若是靠别人，他将会是一事无成的愚蠢之人；谁若是靠自己，他将永远成为主宰人生的智者。”人活着其实就是靠主动去学习、去做事，不断磨砺自己，使自己成长，从而提升自己，强大自己。

怎样才能让自己主动学习？

建议一：激发浓厚的学习兴趣。

兴趣是最好的老师，浓厚的兴趣可以激发我们对学习的热情，可以使我们克服各种困难，全力以赴地实现自己的理想。当我们对某种事物保持浓厚的兴趣时，可以使自己保持最好的学习状态，甚至达到事半功倍的效果。

建议二：多观察身边的事物和现象。

好奇心和求知欲是主动学习的两大法宝，多观察自然界中的一些现象，多观察身边的人和事，思考生活中的各种现象，会激发自己对事物的好奇心，让自己产生强烈的求知欲。

建议三：创造适合学习的最优环境。

最好有一间独立、安静的书房，这样才能让自己静下心来，容易进入学习状态，不被外界嘈杂、无关的信息所干扰，从而达到学习的最佳效果。

建议四：明白学习是自己必须要做的事。

每个人要想在这个世界上很好地生活就需要学习，学习是我们生存和发展的必要条件。不学习就会落后于他人，甚至很难在社会上生存，所以我们要经常提醒自己不学习的后果。

爸爸妈妈有话说：

儿子，学习是自己的事情，不是在完成谁给你安排的任务。对于学习，你要掌控它而非被它掌控。当你做学习的主人，自己安排学习的时候，你会发现自己身上充满了动力和灵感，那些知识对你而言不过是通过努力就能完成的目标，它会让你成就感十足。

## 做一个勤学好问的男孩

从古到今，凡是在学业上有所成就的人都是勤奋好学的人。每个人的智力其实都差不多，要想成绩优异，关键在于学习的态度。勤学好问就是首要的学习态度。勤学好问的孩子，能够高效地解决学习过程中出现的疑难问题，提升学习效率。

李伟是个对学习没什么热情的孩子，虽然上课也努力认真听课，但听着听着思想就会开小差，或犯困，偶尔还做一些小动作，以至于他有时不会做题或听不懂老师在讲什么。

上课时欠下的“债”在作业中总能体现出来，当李伟不会做某道题时就不做了，抱着得过且过的态度度过一天又一天。他从没主动向老师、同学请教过自己不会的题或自己不懂的地方。

很快就到期末了，看着试卷上的题，李伟有种“我不认识你，你不认识我”的感觉。结果好几科成绩都是刚刚及格。看着这样的成绩，刘伟很是难过。爸爸走过来对儿子说：“孩子，你这次成绩不理想，是不是很难过？爸爸理解你此刻的心情，我们先来分析一下原因吧。你上课是否专心致志地听老师讲课？你上课是否有听不懂的地方？下课后你是否会一一克服不会做的题，将它们都弄明白？”

李伟一直在摇头。

爸爸继续认真地说道：“儿子，听不懂的要及时问老师、同学，向他人请教。每天所学的知识都要掌握，否则会越攒越多，不会的多了肯定会影响你的学习效率和成绩。记住：勤学好问是学习的一大法宝。不会不丢人，你可以通过问老师、同学，或者用查阅资料等方式把它学会。”

听了爸爸的话，李伟点点头。他决定按照爸爸指点的方法去做，遇到不会的问题就及时去问老师，把难题及时解决掉。

在求学的路上，像李伟的这种情况我们经常见到。我们不能像李伟那样，遇到不会的题放任不管，要虚心向他人请教，直到弄懂为止。“业精于勤荒于嬉”说的就是这个道理。当所有的难题都得到解决的时候，我们才能将知识学扎实，将所学的知识变成自己的知识，将来用这些知识为国家和社会创造价值。

在小学阶段我们就学过一篇名为《不懂就要问》的文章，讲的是孙中山小时候在私塾读书时，为了弄懂书中讲的意思，不怕先生惩罚，大胆向先生提出问题的故事。有同学问孙中山：“你向先生提问题就不怕挨打吗？”孙中山微笑着回答道：“学问学问，不懂就要问，为了弄清楚道理，就是挨打也值得。”孙中山敢于质疑，勤学好问的精神值得我们学习。

不懂就要问是我们读书求学中重要的方法，你是否也想做一个勤学好问的孩子，在不断探索中寻找答案，不断丰富自己、提高自己呢？

**爸爸妈妈有话说：**

儿子，学习中遇到不懂的问题，这是很正常的事情，没有谁可以做到所有问题都能马上弄懂的。所以，当你在学习中遇到不理解的难题的时候，不要沮丧，不要焦躁，我们应该积极地向老师或其他懂的人虚心请教，将这些不懂的知识彻底弄懂，这样，我们的学习才能不断取得进步。

## 做一个热爱阅读的男孩

古人云，“三日不读书，便觉面目可憎”“读书破万卷，下笔如有神”。可见，书是我们人类的朋友。书永远不会背叛你，只会默默地陪伴你，默默地给予你知识和力量，让你的内心充盈。

从小喜欢读书，并养成读书的好习惯的孩子，他的整个成长过程是美好的、饱满的、精彩的，因为书中有很多美丽的文字，这些美丽的文字可以成为我们的心灵导师，不仅可以指引我们的人生方向，还可以指引我们不断提升自己。

**有的父母觉得孩子的课业那么多，把学校教的知识学会就可以了，将老师每天留下的作业写完就行了，不想给孩子额外增加负担。**

李磊从上小学起，妈妈就告诉他："每天放学后要早早写作业，你写完作业后，想干什么就干什么，自由安排时间。"

李磊写完作业后常常下楼找朋友玩，后来，随着年级的不断升高，他的同学、朋友开始玩电脑游戏了，他们在一起的时候常常会谈起某一款游戏，而李磊不会玩，也不懂他们在说什么，他有些懊恼，他想："我家也有电脑，我也可以学着玩。"

于是，他写完作业后便打开了电脑，开始玩起游戏，他越玩越觉得有意思，觉得刺激。

慢慢地，李磊不愿意出门了，他更愿意待在家里玩电脑游戏。这下可把妈妈急坏了，"儿子，你每天在电脑前玩游戏，时间长了眼睛可能会近视。你现在正处于长身体的阶段，老在电脑前打游戏对颈椎、腰椎都不好。”

李磊说：“知道了。”然后继续打着游戏，根本没把妈妈的话放在心里。

妈妈将自己的担忧告诉了李磊的爸爸，他们为儿子发起愁来。经过商量，他们决定向老师寻求帮助。

老师告诉他们：“现在有一部分孩子已经沉迷网络游戏，李磊还不是太严重，只要采取一些方法就可以帮李磊纠正。”

妈妈说：“只要能让孩子改掉玩游戏的坏习惯，什么方法都可以。”

随后，老师说：“第一，限制孩子每天玩游戏的时间，半小时或一小时。第二，每天在孩子写完作业后，父母可以带孩子出去散步、跑步、踢球、打羽毛球，做一些体育运动。第三，多买一些孩子喜欢的课外书摆在家里，吸引孩子的注意力，慢慢地，他就会爱上看书。”

妈妈非常感谢老师，她回家后给李磊买了很多课外书，爸爸每天除了和儿子一起出去散步、踢球外，还常常捧起书来看，妈妈也会拿起书品读一番。终于，李磊不再沉迷游戏了，他渐渐喜欢上了读书，课余生活也丰富多彩起来。

老师提出的建议太好了，喜欢上运动的孩子和喜欢上阅读的孩子自然就不会沉迷在游戏当中。另外，我们在课堂上学到的知识是有限的，而广泛的阅读可以很好地弥补在课堂上学不到的知识，它们会使我们在知识的海洋中遨游，会帮助我们不断探索新知识。如果能将课内和课外知识进行有机结合，使它们相互作用，那我们的知识就会形成完整的体系，这对我们的学习更加有益。

课外阅读不仅限于语文学科，对于美术、音乐、科学等学科的相关读物都可以进行大量阅读，这样就能让自己的课外知识不断得到补充和深化，从而不断提升自己的学识。读书可以解惑，读书可以明智，读书可以静心，读书可以清心。读书可以让人的思维变得灵敏，可以提高人的生活质量和心境，让人活出高质量的人生。

打开一本书就像打开了一个世界，每天坚持阅读就像为生活打开了另一扇窗户，能让我们看到外面世界的精彩与丰富，它也可能会把我们的世界变成我们一度向往的诗和远方。

有句话说得好："脚步丈量不到的地方，书本可以；身体触及不到的地方，文字可以。"

与书为伴，书就会成为我们最忠诚的朋友，一路与我们相伴前行。阅读可以带我们领略丰富多彩的世界，可以开阔我们的眼界，启迪我们的智慧。阅读不仅可以成就我们的学业，也能帮助我们不断提升自己。

亲爱的男孩，选择一本好书，每天给自己一点阅读的时间，长期坚持阅读，那些令人烦恼和忧愁的事情将会被你统统抛到脑后，你会在书香文墨中汲取前人的智慧，润泽生活的枯燥，为自己的人生点亮一盏明灯。

**爸爸妈妈有话说：**

儿子，读书是一件非常愉悦的事情。读书的时候，你可以忘掉身边的一切，全身心地沉浸在图书为你营造的世界中，感受书中的精彩。爸爸妈妈希望你爱上读书，能够领略书中的大千世界，从中学到越来越多的知识，不断充实自己，让自己成为一个知识渊博的人。

## 制订计划让学习更高效

小学、初中、高中是我们求学路上的必经阶段，无论现在的你处于哪个阶段，问一下自己是否有高效学习的方法？也许你会回答当然有啊，也许你会说我觉得自己一直就是那样学的，没什么具体方法。每个人的学习方法各有不同，今天，我们来了解一下制订科学的计划使学习更高效的方法。

做任何事都有方法，方法对了事半功倍，方法不对努力白费。在学习过程中，我们只有掌握了良好的学习方法，才能有效地提高学习效率。时间对每个人都是公平合理的，一天有 24 个小时，它绝对不会多给谁一分一秒。其间，有的同学既能很好地安排学习时间，高效率完成作业，又能有玩耍、运动、出游的时间；当然，也有同学整天写作业拖拖拉拉，没计划，想写到什么时候就写到什么时候，学习效率极低。时间是宝贵的，如果我们能有效利用，制订出科学的计划，会让我们在一天中完成很多事情。

小泽是个兴趣爱好十分广泛的孩子，看书、跑步、唱歌、吹葫芦丝、踢足球等，他总是能很快地沉浸在自己喜欢的漫画书中，也能投入地唱自己喜欢的歌，但他有一个缺点，就是没有制订计划的习惯。

一天，小泽放学回来，像往常一样先吃完饭，然后开始写作业，写完一项后他就要休息，本来想着喝点水，吃点水果，上个卫生间就回来继续写作业，结果，他看到了自己喜欢的葫芦丝在墙角静静地躺着，他便顺手拿起来，开始吹自己前几天刚刚学会的那首《蜗牛与黄鹂鸟》，他吹了好几次，后面的几句不太熟练，就一遍遍地练习起来。

妈妈发现他吹了很长时间的葫芦丝，提醒道："儿子，你已经吹了很长时间了，现在时间不早了，先把你当下最主要也是最重要的事情干完，然后再做自己想做的事情。"

小泽只好放下心爱的葫芦丝去写作业，这天，他写完作业就已经到了睡觉的时间。还没玩呢就该睡觉了，他觉得有点不开心。

第二天，妈妈在小泽写作业前就和小泽商量：“小泽，妈妈给你一条建议，希望你能够采纳。”

小泽好奇地问：“什么建议？”

妈妈说：“从今天开始，我们每天将自己要做的事情都记在本子上，并对它们进行规划。比如，你今天要写数学、语文、英语作业，还想看课外书、吹葫芦丝、玩游戏等，都可以将它们规划进去，只要时间安排得合理，你就能轻松自如地将自己该做的、想做的事情都做好。”

小泽还有点不太明白，问道：“妈妈，你说具体点，我不太懂。”

妈妈耐心地给小泽讲了起来：“你先将自己的作业都拿出来，看看今天一共有几项作业。”

小泽拿出来整理了一下，共5项作业，妈妈又问：“你今天晚上有什么特别想做的事情吗？”

“我想看一会课外书，我还想继续吹一会儿葫芦丝，还想转一会儿呼啦圈。”小泽回答道。

妈妈说：“好，那我们现在先做个计划，首先将需要动脑筋的作业排在前面，并估计出大概用多长时间。写完一项作业后可以休息十分钟，这十分钟你可以安排一项自己最想做的活动，以此类推。”

就这样，妈妈边指导，小泽边做，几分钟后，小泽的计划表就做好了。他将计划表安排如下。

6:20—6:50 数学卷

6:50—7:20 吹葫芦丝

7:20—7:50 语文卷

7:50—8:00 休息（吃水果、喝水）

8:00—8:20 抄写语文词语

8:20—8:30 运动（转呼啦圈）

8:30—8:50 英语卷

8:50—9:20 看课外书

9:20—9:30 听考英语单词

9:30—9:50 自由安排、洗漱、睡觉

一份学习计划做完，小泽很开心。妈妈说：“每完成一项你就在后面打个‘√’。”小泽就这样按照计划一项

一项地完成了，看着计划后面的一个个表示任务已完成的“√”，他开心极了。他决定以后要继续进行下去，每天用制订计划的方法去合理安排自己的时间，这让他觉得心里特别踏实，很有成就感。

学习一定有方法，好的方法带来高效率。制订科学的学习计划，适合各个阶段的孩子。需要注意的是，在制订计划的时候要符合实际情况。刚开始制订可能时间安排得不太精确，我们可以稍微做出调整，时间长了，我们就能做出较准确的、科学的计划了。我们可以制订一天的、一个星期的、一个月的、一年的计划，计划要突出重点，各个方面都要兼顾，争取做到学习、玩乐两不误，让自己全面发展。

另外，我们在制订计划的同时，还需要注意明确自己的目标，只有目标明确大脑才不易混乱，才能清晰地知道自己该干什么。

制订计划能使我们的学习、生活变得有规律，变得井井有条，能提高我们的时间观念和计划能力，通过实现短期目标来达成长远目标。短期目标一一完成后，长远目标就会自然而然地达到。孩子，如果你能将这一习惯一直保持下去，就会让自己在将来的学习、工作和生活中达到一个又一个新的、更高的目标。

**爸爸妈妈有话说：**

儿子，爸爸妈妈希望你是一个做事有计划、有条理的孩子。尤其是在学习这件事上，你要做好学习计划，才能合理分配各科的学习时间，同时，你也能游刃有余地掌握自己的学习时间，不至于太过匆忙和慌乱，从而提升你学习的效率，让你的学习更轻松、更高效。

## 良好的学习方法会助力你成长

从我们开始上学起，妈妈总会叮嘱我们："去了学校要听老师的话，上课认真听讲。"其中，"上课认真听讲"这句话相信你一定听过无数次了吧，它看似平常，却是妈妈教给我们的最重要的学习方法之一。

课堂是我们学习的主要场所，也是最重要的场所。有些同学在家中上网课的时候，专注力往往没有在学校时好，甚至有个别同学在老师讲课期间，在手机上分屏打游戏了；或者，老师在那头讲课，他在这头边听课边吃零食。

老师在课堂上讲的内容都是非常重要的知识，老师会提前备课，用最通俗易懂的方法将重要的知识呈现在课堂上。作为学生，我们要保证自己上课时专心听讲，跟着老师的节奏走。孩子，请记住：一定要学会自律，上课要认真听讲。

刘一凡是一名初中生，他每天在家写作业时，一遇到不会的题，就翻开课本看，然后再做题。

有时，妈妈看见他边写作业边翻书，会对他说：“儿子，你这样会影响学习效率。你是因为上课没认真听讲才不会做题，还是因为没记住重要的知识点才翻书？”

刘一凡慢吞吞地回答道：“我上课听了，可不知道为什么就是不会做题。”

妈妈问：“你听课的时候是否带有清晰的目标？你知

道每节课的重点、难点、易错点是什么？下课了你是否先进行复习，然后再写作业呢？”

刘一凡摇摇头说：“没有，上课不就是别走神，认真听老师讲课就行吗？哪有什么重点、难点、易错点啊？老师讲的不都是重点吗？而且每天老师都留那么多作业，我哪有时间先复习啊？”

妈妈说：“儿子，学习要讲究方法，妈妈给你介绍一种方法，一定会帮助你提高学习效率。”

刘一凡好奇地问：“什么方法啊？有这么神奇吗？”

妈妈说：“你每天回到家，先复习今天所学的知识，复习完再开始写作业。复习的时候需要将老师讲的重点理解明白，老师要求你们背会的知识都要记住，这样，你在写作业时就不用再翻书看，就能提高你的学习效率。写完作业后，自己认真检查一遍，看是否都正确，错误的及时改正。最后，预习老师第二天要讲的内容，将自己不懂的地方做上标记，第二天，在听课时重点听这部分内容。这样，你就做到了心中有数，自己明白重点、难点、易错点分别是什么，如果你每天都带着这样的目标去听课，那你的题自然会轻而易举地做出来，成绩自然也会提高，甚至会名列前茅。”

刘一凡说：“那我试试吧。”

经过一段时间的坚持和努力，刘一凡的学习效率提高了，成绩也在稳步上升。刘一凡高兴地夸道：“妈妈真乃神人也！”一家人哈哈大笑起来，充满了幸福的味道。

妈妈教刘一凡的这种方法实在是太好了，它包括了应该如何合理安排好预习、作业、复习、听课。预习、听课、复习、总结、反思这一整套方法是我们学习的法宝之一，如果你能按照这种方法去做，并养成好习惯，那你的成绩一定会稳步提升的。

提高学习效率的另一个法宝是建立错题集。在学习中，一定要重视你的错题，发现错题时一定要学会总结和积累，找出错的原因，巩固相关的知识，然后再找几道类似的题做一做。某道题错了，说明你相关知识点掌握得不够扎实，记得不够牢固，一定要将这一块的知识点弄懂，让自己不再出错。平时养成及时整理错题、分析错题的习惯，可以避免以后出现此类型的题时再次出错，从而提高学习效率。需要注意的是：1. 建立错题本是需要长期坚持的，要经常翻看；2. 发现自己易错的知识后要及时加强理解和记忆，经常巩固相关知识；3. 记错题的范围除了考试试卷上的错题外，还要记作业中的错题，更要记老师上课强调过的易错题。

总之，我们的学习生涯很长，要想让自己的学习效率高、成绩好，就一定要专注于当下，自己该做的事情一定要做好。如果你将每一件小事都做好了，你也就成了一个了不起的人。孩子，请记住：要通过学习不断强大自己，做最好的自己。我们应将每一节课听好、每一道题做好，总结出适合自己的学习方法，不断努力，不断前进。

## 爸爸妈妈有话说：

儿子，在你的学习过程中，努力很重要，但学习方法更加重要。合理的学习方法，能够极大地提升你的学习效率，让你的学习取得事半功倍的效果。爸爸妈妈希望你在平时的学习过程中找到适合自己的学习方法，提升自己的学习效率，轻松高效地学习。

# 平安健康伴我行

孩子的平安健康牵动着每一位父母的心。男孩生性活泼，生活中总有各种安全隐患威胁着他们的安全，如火灾、溺水、校园霸凌等，让父母担心不已。同时，不良的生活习惯如抽烟、酗酒、暴饮暴食等，也威胁着男孩的身体健康。另外，还有交通出行、户外旅行中潜在的安全隐患，让各位爸爸妈妈整天提心吊胆。培养孩子的安全意识，让男孩学会对自己的安全负责，对自己的健康负责，做一个平安健康的快乐大男孩。

## 增强安全意识，预防火灾

安全关系着每个家庭的幸福。在大多数孩子眼里，世界上的一切都是美好的，孩子们看不到生活中存在的危险，也意识不到安全的重要性。但现实却很残酷，每一次意外都会给孩子、给家庭带来深深的伤害。

火灾是我们生活中最为常见的危险之一。很多原因都可能导致火灾的发生，诸如电器短路、厨房灶具失火、不当用火等，都可能成为引发火灾的原因。从小加强对孩子用火安全的教育，锻炼孩子在面临火灾时的逃生能力，对孩子的成长有着非常重要的作用。

夏天到了，白天天气炎热，晚上蚊子到处乱飞，王超晚上睡觉时迷迷糊糊听到蚊子在耳边飞来飞去，他很生气。于是，他从床上爬起来，点燃蚊香，放在床下。王超嘴里还嘀咕着："死蚊子，这次看你还敢不敢来。"说完，便躺下继续睡觉了。王超的床底有自己刚看完的书，还有衣物，这些都是易燃物品，可王超没有意识到其中的危险性。到了半夜，还没完全熄灭的蚊香灰引燃了下面的纸，纸又引燃了旁边的书，王超突然惊醒，看到了眼前的一幕，吓坏了。所幸火势不大，他很快扑灭了。王超也在这次惊吓中深刻地反思了自己的行为，吸取了教训。

火灾的发生，绝大多数情况下都是因为对安全隐患的疏忽大意。本来可以避免的灾难，因为对安全的漠视，最终酿成惨剧。培养自己的安全意识，无论在什么时候都是有意义的。我们在生活中不要忽视任何可能发生火灾的隐患，以保证生命安全。

预防火灾应当注意的事项如下：

1. 不让家用电器“带病工作”；

2. 控制火源，不随便玩火，不乱扔烟头，不乱烧垃圾、杂物等易燃物品；

3. 有明火、电线的地方不放易燃物；

4. 在使用炉火、灯火时，周围不可放置可燃物；

5. 城市居民在使用煤气、液化气后一定要关阀门；

6. 小心谨慎使用酒精、天然气、煤油、汽油等易燃物，防止使用不当造成的火灾；

7. 谨防烟花爆竹引起的火灾；

8. 不要在阳台、楼道堆放杂物，这些物品很多都是易燃物，如果发生火灾会助长火势，影响逃生通道的畅通。

我们每个人都希望自己和家人平平安安，没有灾难。但天有不测风云，人有旦夕祸福，一旦遭遇火灾，在火场中自救就显得尤为关键，它可以极大地提升我们的生存几率，降低火灾对我们的伤害。如果身处火灾中，我们该如何灭火、逃生？

1. 燃气罐着火，用浸湿的棉被、衣服等盖住灭火，并迅速将阀门关闭。

2. 电器、电线着火，先切掉电源，然后用灭火器灭火，不可直接泼水灭火，以防电器爆炸伤到人。若处于火灾初期，火势不大，我们可以用湿布盖住灭火，并切断电源。

3. 若衣物、书本、柴草着火，可用水浇灭。

请记住：争分夺秒扑灭初期火灾。

若突遇大火，要保持冷静，快速拨打 119 火警电话进行呼救。同时，迅速判断危险地点和安全地点，思考逃生的办法和道路，尽快撤离，不盲目跟从人流，不乱冲乱窜，要利用周围一切可利用的条件逃生。朝背向火焰的方向跑，往楼下跑，千万不要进电梯，因为电梯可能会断电，被卡在空中的可能性极大。若下层通道已被烟火封阻，可通过阳台、窗户、天台及时发出有效的求救信号，引起救援者的注意。

若身上有火，要及时脱掉衣服或就地打滚压灭火苗，或往身上浇水泼灭火苗。

火灾最能考验人的逃生能力，我们平时要学会逃生的常识，只要我们把它们牢记心中，遇到火灾时就不会惊慌，不会恐惧，就能冷静应对。

儿子，水火无情，这是一个非常残酷的事实。当火灾发生的时候，会给我们的生命和财产带来巨大的损失。所以对于火，一定要心存敬畏。在平时的生活中要留意各种可能引发火灾的隐患，避免火灾的发生。同时，你还要学习关于火灾逃生的知识和技能，万一遭遇灾难时也能沉着应对，成功逃生。

## 珍爱生命，严防溺水

到了夏季，天气越来越热，尤其在暑假，高温席卷全国各地，一些青少年常常会结伴去游泳，儿童、青少年溺水事故屡屡发生，教训异常惨痛和深刻。

2023 年 7 月 9 日，广东一成年人带着两个儿子和侄子到江边游泳，三个孩子不幸全部溺亡。2023 年 7 月 15 日，陕西一孩子因捡掉落在渭河中的鞋子而落水溺亡。还有些孩子觉得自己大了，又会游泳，不用大人管，于是约上几个好友一起去河边玩、游泳，他们是玩得很开心，但危险也随时有可能发生。2023 年，云南 4 个 17 岁的男孩相约一起到水库游泳，结果 3 人溺水，一人看到后进行施救，最后施救失败，四个鲜活的生命就这样陨落。孩子们，切莫高估自己的水性，我们需要对水保持应有的敬畏。

溺水的危险离我们每个人都不远，只是我们没有察觉而已。即便有成年人在旁监护，有时也来不及施救，危险水域“吃人”的情况只在瞬息之间，我们千万不可大意。野外水域，如江河、湖泊、水库、河沟、池塘、溪涧、公园人工湖、工地积水坑等的风险是很大的，看着平静清浅的水中，很可能会有暗流、淤泥、深坑、礁石、水草等，这些都会将你拖入溺水的深渊之中。在野外水域，即使有家长在场，即使家长会水，也不一定能在第一时间救援溺水的孩子，甚至还可能会搭上家长的生命。请记住：自然的威力不可低估，家长的能力不可高估。只有我们平时不断增强安全意识，小心警惕玩水的危险，才能避免很多危险情况的发生，才能在一些天灾人祸中化险为夷。

鹏鹏、明明、帅帅是非常要好的朋友，他们经常在一起玩。进入暑假了，他们几乎每天都要相约一起出去玩。

一天，天气特别热，明明和好朋友说：“今天天气这么热，咱们一起去河边玩一会儿，那里一定很凉快。”鹏鹏和帅帅举双手表示同意。

于是三人有说有笑地一起来到了河边。刚开始，他们还在河边玩，可玩着玩着就不由得越走越深，他们觉得凉快舒爽极了。

但是三位小朋友没有意识到，危险正朝着他们一步步逼近。突然之间，走在最前面的明明一下就没入水中，不见了踪影，他应该是踏入了河底的深坑之中。后面的鹏鹏和帅帅吓得一边往回跑，一边呼喊大人求救。等得到消息的村民赶来时，只有哗哗的流水声，根本找不到明明的任何踪迹。一个鲜活的生命就这样在转瞬之间消失了。

灾难总是让人悲痛的，令人惋惜且痛心的。近年来，我们常常会听到一些地方有学生不幸溺亡的消息，有小学生、初中生、高中生……在溺亡事故面前，是不分年龄大小的。

联合国大会于 2021 年通过决议，将每年的 7 月 25 日设立为世界预防溺水日，旨在提醒全球人民增强预防溺水的安全意识。每年都有青少年因到不明水域游玩而溺亡的事情发生，就如故事中的三个同学结伴同行，正是因为他们都缺乏安全意识，最后才在玩水时酿成大祸。如果要游泳，请做好安全防护，严防溺水危险。遇到危险及时求救，切莫盲目施救。我们怎样才能预防溺水，保护自身安全呢？

防溺水需注意：

1. 不私自下水游泳玩耍；

2. 不擅自与他人结伴去游泳玩水；

3. 不在无家长或老师带领的情况下去游泳；

4. 不到不熟悉的水域游泳；

5. 不到无安全设施、无救护人员的水域游泳；

6. 不会水性的人不擅自下水施救。

我们要清楚自己的身体健康状况，平时有腿抽筋的现象不宜游泳，要游泳就要选择安全的、正规的地方。游泳前要做好准备工作，活动身体要适当，不可用力过度。身体太饿或太饱不宜游泳，水温太低不宜立即下水，可先在浅水处用水淋湿身体，待身体适应水温后再下水。下水后不要逞能，不到急流和旋涡处游泳，不在水里互相打闹，以免呛水或溺水。在游泳中如果出现眩晕、恶心、心慌、气短等身体不适的情况，应立即上岸休息并呼救。

如果不慎溺水，自救方法有：

1. 不要慌张，保持冷静镇定，立即呼救；

2. 保持体力，等待救援，一定不要在水里胡乱挣扎，小心肺中呛水，导致呼吸道堵塞，大多数人都是因为呼吸不畅、呼吸困难而导致溺水死亡的；

3. 放松身体，尽量让身体漂浮在水面上，头向后仰，让头部浮出水面，用脚踢水；

4. 身体下沉时可用手掌向下压水；

5. 如果发现水面附近有树杈，可以慢慢游过去抓紧树杈，等待救援。

相关数据显示，世界各地非故意伤害死亡的一大原因就是溺水，溺水也是儿童和青年十大主要死亡原因之一，在我国，每年因为溺水死亡的大约有 5.7 万至 6 万人。多么令人痛心，一个个有朝气的生命在前几个小时，甚至前几分钟还生龙活虎，而瞬息间就失去了生命，实在是让人无法接受。所以孩子，请你一定要高度重视溺水危险，珍爱生命，不要将自己置于危险之地。

儿子，还记得上次你去河边玩水爸爸打你的事吗？那是爸爸唯一一次动手打你。这里爸爸向你道歉，无论如何，动手打孩子都是不对的。但是爸爸想说，你的行为确实把爸爸吓到了。有太多太多的溺水惨剧就是因为孩子自己去河边玩耍才发生的，爸爸不希望你陷入溺水的危险之中。答应爸爸，要保持对水的敬畏，认识到溺水的严重性，不要去危险的地方玩水。

## 远离校园欺凌

校园欺凌是指发生在学生之间，蓄意或恶意通过肢体、语言、网络等各种手段实施欺负、侮辱，给对方造成伤害的行为。这种行为会损害学生的身心健康，对其成长极其不利。

近年来，校园欺凌事件频发，青少年的身心健康也因此受到了极大的损害，校园欺凌被称为校园毒瘤。遭遇校园欺凌的孩子，精神状态会高度紧张，处于崩溃的边缘，原有的学习热情和学习节奏被彻底打乱。这可能会彻底改变一个孩子的精神和学习状态，对孩子未来的发展产生难以估量的伤害。所以作为父母，我们要高度重视孩子的精神状态，保护孩子免受校园欺凌行为的伤害；而作为学生，我们也要学会保护自己，不要让校园欺凌伤害到我们。

身为初中生的乔林，身体有些瘦弱，性格有些内向，平时不太爱说话，朋友极少。他的班级里有个总爱捣乱的同学叫赵刚。赵刚时常会欺负同学，乔林就是被欺负的对象之一。乔林有时会被赵刚嘲笑、讥讽，“你是哑巴吗？怎么不说话？我看你像个傻瓜。”善良的乔林只是默默地忍受着。

有一次，乔林在放学回家的路上被赵刚等几个男生拦住，他们让乔林把自己身上的钱拿出来。乔林很害怕，就将身上仅有的20元给了他们，便匆匆离开。

令人没想到的是，没过几天，赵刚他们又在路上拦截乔林，仍然是和他要钱，并威胁他道：“不许告诉家长和老师，你要敢告就打死你。”乔林吓坏了，有了心理阴影，他不敢去上学了。

乔林总说自己难受不想去学校，妈妈问他哪里难受。他就说肚子疼，妈妈带他去医院检查，却没什么问题，一切正常。

这时，妈妈看到儿子胆怯的眼神，她突然意识到了些什么。

妈妈带着乔林回家后，关心地问他：“小林，你是不是遇到什么事情了？到底是怎么回事，你可以跟妈妈说说吗？”

乔林害怕地哭了起来，妈妈将儿子拥入怀中，说：“小林，无论发生什么事情，你都要和妈妈说，不能自己一个人撑着。”

乔林将自己被赵刚欺辱和回家路上被要钱的事说了出来，并说自己不想上学了。妈妈听到自己的儿子被校园欺凌后非常生气，同时也很心疼孩子，她告诉儿子：“小林，别怕，现在是法治社会，国家为了保护你们未成年人，专门出台了相关的法律法规，赵刚他们会受到相应处罚的。

小林，以后无论发生什么事都要和妈妈说。”

乔林点点头。

随后，妈妈和乔林的班主任老师取得了联系，并选择了报警。在民警的协调下，双方家长在学校见面，民警对赵刚欺凌同学的行为给予严厉的警告，而赵刚也认识到自己的错误，诚恳地向乔林道歉，并表示以后再也不会发生这样的事情了。

幸亏妈妈发现了乔林的不正常表现，及时引导乔林说出了实情，否则后果不堪设想。赵刚在学校辱骂乔林是“傻子”，这属于语言欺凌；赵刚向乔林索要钱财的行为属于财物欺凌。赵刚是欺凌者，乔林是被欺凌者，被欺凌者一定要及时告知父母或老师，以便他们及时出手帮忙解决。

校园欺凌的表现形式有：

1. 身体欺凌；

2. 语言欺凌；

3. 社交欺凌；

4. 财物欺凌；

5. 网络欺凌；

6. 性欺凌。

近年来，看媒体报道，有的学生被其他学生拳打脚踢，轮番扇耳光；有的学生逼迫其他学生自己扇自己耳光，向自己下跪磕头；还有的学生将臭袜子塞入其他学生嘴里，让其他学生用嘴叼黑板擦等，这些听着都令人发指，简直毫无人性。校园欺凌看似是同学之间的一些琐事，但它是很可怕的，严重时会把人逼疯、逼死。

如何避免校园欺凌？

1. 相信自己。当一个人保持足够的自信时，一般不会成为被欺凌的对象。

2. 若欺凌者有不尊重自己的言行时，要勇敢地对欺凌者说“不”。不要让对方一而再、再而三地蔑视自己。

3. 结交一些可以信赖的好朋友，不独来独往，让自己融入一个群体中，可以减少遭遇欺凌的可能性。

4. 学校空旷的角落、厕所等地是欺凌多发地，自己一个人时应尽量减少在欺凌多发地停留的时间和次数。

5. 谨慎交友，我们在交友时一定要考虑所交朋友的品行，如果对方尖酸刻薄，有打架斗殴、拉帮结派的行为，要考虑这样的朋友是否值得结交。

孩子，在保护好我们自身安全，不被校园欺凌伤害的前提下，我们也要管好自己的行为，不要出现“屠龙少年黑化成恶龙”的事情，不要让自己成为欺凌者，成为我们自己心中最讨厌的那个角色。我们要与同学和睦相处，与同学互相尊重、团结友爱，坚决杜绝校园欺凌，努力让自己变得足够强大，努力保护自己、保护他人，让我们的校园生活越来越美好，让我们留下最美好的青春记忆。

儿子，校园欺凌已经成为关注度很高的社会问题，它对青少年成长的危害巨大，是国家严厉惩治的行为。当你遭遇校园欺凌的时候，不要害怕，不要自己默默承受，告诉爸爸妈妈，我们一同来与这种违法犯罪行为作斗争，让那些可恶的欺凌者得到应有的惩罚。

# 远离烟酒恶习

即将进入青春期或已经进入青春期的男孩们，你们肯定希望自己能够与众不同，希望在某些方面可以彰显出自己的帅气，你们处在青春期的特殊年龄段，自我意识逐渐增强，有了自己的独立想法，也有了属于这个年龄阶段的叛逆。当一些男生看到比自己大的孩子或大人抽烟、喝酒时，便觉得他们的动作、姿势很酷，于是也想亲自去尝试，很多孩子也正是因为这第一次的尝试而开始迷上了抽烟喝酒。抽烟喝酒的男孩觉得自己已经长大了，他们每天待在一起，朋友多多，快乐多多，很是“惬意”。

然而，对处于青春期阶段、正在长身体的孩子们来说，抽烟、喝酒会给他们的身体健康造成极大的伤害。

目前，青春期孩子抽烟、喝酒的比例在逐年上升，抽烟、喝酒就像慢性毒药，在悄悄侵蚀着孩子们的身心，损害着他们的身体。

最近几天，王小鹏放学后，总和几个好朋友在一起玩，很晚才回家。男孩子们在一起玩本来是件好事，但太晚回家就不太好了。

有一天，一个叫刘利军的朋友从家里拿上钱，请他们几个好朋友一起吃零食，还偷偷买了一包香烟，让大家吃完零食后抽支烟。起初，大家都不愿意抽烟，刘利军便对大家说：“男子汉大丈夫，怎么能不抽烟呢？来吧，我们总有第一次，择日不如撞日，今天就让我们一起见证这具有历史意义的光荣时刻吧。”

说完，刘利军便递给每人一支烟，并且拿着打火机帮他们点着烟，刚开始，有人不适应，咳嗽了几声，之后便都沉浸在烟雾缭绕的世界中了。

他们谈论着大人是如何抽烟的，怎样的抽烟姿势才算酷。一个人说着便学了起来，先抽一口烟，然后闭上眼慢慢将烟吐出来，学得有模有样。

从这以后，他们几个经常聚在一起，边玩边抽烟，甚至还尝试喝啤酒。他们很享受这种无忧无虑的“快乐”生活。

一天，王小鹏跟往常一样，和几个朋友在街上玩，手里拿着正吸了一半的烟，恰好被刚下班回家的爸爸看到了。王小鹏有些害怕，怕爸爸骂他，令他没想到的是，爸爸只字未提抽烟的事，只是急切地说："鹏鹏，家里有急事，快回家。"

王小鹏本来就心虚，又听说家里有事，就跟爸爸一起回家了。

回到家中，爸爸很严肃地与王小鹏进行了谈话。爸爸说："鹏鹏，爸爸知道你到了青春期，觉得自己已经长大了，是个男子汉了，你觉得男子汉抽烟喝酒很帅是不是？你对烟、酒心存好奇，想亲自尝一尝，这很正常，爸爸也理解你。爸爸想告诉你的是，你们现在处于青春期，正是长身体的黄金时期，而香烟中含有数千种毒性化学物质，其中有一种叫尼古丁，尼古丁会严重影响你的呼吸系统、心血管系统、消化系统等，对身体发育和身体健康极为不利。而饮酒同样也会对人体产生相当大的危害，酒中含有大量乙醇，会损伤胃黏膜和消化道，甚至会导致胃溃疡、胃出血等疾病。如果一个人经常喝酒，可能会导致他的大脑功能下降，思维缓慢，记忆力下降，他甚至还会患酒精性肝炎等疾病；如果一个人在短时间内饮了大量的酒，可能会出现酒精中毒、胡言乱语、神志不清等情况，甚至会危及生命。”

原来，爸爸当时看出了他的尴尬，也看出他的害怕，所以找了一个理由让王小鹏回家。爸爸稍停了一会儿，又继续说道：“儿子，爸爸将自己知道的告诉你，是希望我的儿子能健康快乐地成长，爸爸相信你能做出正确的判断和选择。”

王小鹏低下了头，他意识到了问题的严重性，并向爸爸承认了错误，表示以后不会再接触烟酒了，要把精力集中在学习上，好好学知识，努力做个优秀的孩子。

孩子，我们正处于身体发育阶段，身体的各项机能发育尚不成熟，吸烟饮酒不仅会伤害我们的身体，而且还会吞噬青少年的未来。

作为 21 世纪的青年，我们是祖国的花朵，也是祖国的未来，我们一定要远离烟酒，远离那些不良嗜好。如果不慎染上烟酒，要尽快想办法戒掉，方法有很多种：

1. 多做运动；

2. 多听音乐；

3. 多参加社会实践活动；

4. 嚼口香糖。

总之，我们可以通过转移注意力的方式让自己的关注点不再是烟酒。另外，减少不必要的聚会，以免受到吸烟饮酒人群的引诱，让自己难以控制。我们要先认识到烟酒对我们的危害，然后从心理上解除、摆脱对烟酒的依赖，建立正确的价值观。相信我们会经受住考验，让自己远离烟酒，远离伤害。

## 爸爸妈妈有话说：

儿子，抽烟、喝酒会对身体产生巨大的伤害，所以爸爸妈妈希望你可以控制自己，不去触碰这些伤害身体的东西，更不要沾染喝酒抽烟的坏习惯。另外，现在正是你学习的大好时光，希望你能全身心地投入到知识的学习中去，不要被社会上的一些不良风气所影响，偏离了自己人生的航向。

## 坚持锻炼身体

俗话说，“生命在于运动”，“身体是革命的本钱”，运动和人的身体健康有着非常紧密的关系。

男孩天生就爱运动，这是因为男孩体内含有大量雄性激素，雄性激素使男孩比女孩更爱运动，同时，运动也会促使雄性激素大量分泌。

男孩选择健康的运动不仅可以强健体魄、磨炼意志，使自己结识朋友的机会增多，同时也会培养自己的团队合作精神。

杨明是个12岁的男孩，他平时非常喜欢运动，尤其喜欢跑步，他的跑步速度位居全班第一。他从小就喜欢和爸爸妈妈到公园跑步，有时也会和爸爸妈妈来一场激烈的跑步比赛，爸爸和妈妈没有耐力，跑一小段路就跑不动了，而杨明总是精力充沛，将爸爸妈妈甩到后面。

一次，学校足球队要在学生中选球员，杨明轻松入选，因此，他又迷上了足球。他和其他队员认真训练，常常代表学校去参加足球比赛。杨明的身体素质变得越来越好，身体的抵抗能力也越来越强。

运动使杨明更健康、更快乐、更阳光，杨明也在运动中学习了很多专业知识、安全知识和健身知识。运动可以给人增长人气，一个爱运动的人在人群中更受欢迎。

而杨明的同学王博却不喜欢运动，常常在家玩游戏、刷视频，过着典型的“电视、手机、电脑、零食”的生活。王博的身高、体重是他们班之最——最高、最胖。渐渐地他与同学们产生了距离，不愿与他人接触和交往。经常玩游戏不运动的人，相对爱运动的人来说会更内向一些，他们不善言谈，不善与人交往。

男孩在成长过程中找到自己感兴趣的运动并将它发挥出来，是多么令人愉快而幸福的事。而不爱运动的男孩，身体一般会横向发展，变得越来越胖。正处于青春期的男孩也有了一定的审美能力，看着自己发胖而臃肿的身体可能会厌恶自己，产生消极心理。

经常运动有很多好处：

第一，运动可以产生多巴胺，令人心情愉快，减少抑郁的发生，改善睡眠。

第二，经常运动可以提高人体的免疫力，预防疾病的发生，让人拥有强健的身体。

第三，运动可以培养人乐观开朗的性格和坚强的意志。

第四，运动还可以开阔人的视野，陶冶人的情操。

但令人遗憾的是，现在有很多父母为了让孩子学习好，取得好成绩，考上名校，极大地抑制了孩子运动的兴趣。大量的作业以及补习严重挤占了孩子的锻炼时间，让孩子失去了参加体育锻炼的机会。当然，有的孩子不愿意出去，就喜欢在家玩手机、上网打游戏，因为身体长期缺乏锻炼，男孩就会变得没有阳刚之气，缺乏男子汉气概，变得越来越胆小、懦弱，当遇到困难时不愿面对，不敢面对，极易退缩和逃避。

男孩一定要让自己走出家门，喜欢上运动，练出健康的身体，同时增强自信。另外，男孩一定要发展几项自己热爱的运动，通过运动强身健体，享受其中的快乐。当然，运动时一定要采取科学、正确的锻炼方式，不可急于求成，否则对人体的关节、肌肉均有可能造成损伤。具体需注意:

第一，选择适合自己的运动。

男孩有许多运动项目可以选择，如打篮球、踢足球、打乒乓球、滑轮滑、跑步、游泳、骑车、跳绳、跆拳道等，不同个性的孩子喜欢不同的运动。每个孩子的运动天赋不同，爱好也各不相同，男孩可根据自己的喜好来选择适合自己的运动项目。通过运动，自己既锻炼了身体，同时也克服了恐惧，练就了耐心、勇气和毅力，在运动中不断突破自己的同时也获得了极大的成就感。

第二，控制好运动时间和运动量。

男孩热爱运动是好事，但每次运动的时间和运动量最好有所控制，尤其是在尝试新运动时，不可时间太长，运动量不要太大，否则很容易使身体受到伤害，我们一定要采取循序渐进的方式增加运动量。

第三，运动要有计划性。

运动不可三天打鱼两天晒网，男孩可以根据自己的日常生活和学习情况，有计划地进行运动，让自己养成坚持运动的好习惯。当我们每天按照计划进行运动时，身体就会逐渐适应这项运动。当然，也可以根据自己的身体情况和学业情况作适当的调整，尽量做到学习运动两不误。

第四，多看一些运动比赛。

可以让父母带我们多看一些体育比赛，感受运动带给我们的兴奋和刺激。在观看比赛时，我们能学习到一些相关的体育知识和自我保护知识，也可能会在不知不觉中喜欢上这项运动。

孩子，你正处于身心发育的关键期，运动可以释放你体内的多余精力，运动可以改造人的大脑，使你更聪明，注意力更集中。无论学习多累、工作多忙，一定要长期坚持锻炼身体，培养健康的生活方式，让自己更健康、更强大、更阳光。

儿子，爸爸妈妈希望你在学习之余多参加体育运动，锻炼自己的身体，让自己拥有强健的体魄。不管你以后从事什么样的工作，拼到最后，比拼的都是你的身体素质，所以，我们一定要从小锻炼，增强自己的身体素质，为日后参加工作，为祖国做贡献打下坚实的身体基础。

## 注意保护自己的隐私

在我们很小的时候，爸爸妈妈常常守护在我们身旁。随着我们逐渐长大，爸爸妈妈也逐渐放手。我们开始去上学，小学、初中、高中、大学……我们离父母越来越远。随着我们一天天长大，父母最担忧的就是我们的安全。安全问题包含着许多内容，今天我们就一起聊聊网络安全吧。

什么是个人隐私呢？个人隐私指的是一个人的生理、心理以及在社会交往过程中的秘密，也就是个人生活中不愿意公开或为他人知悉的秘密。

小时候，爸爸妈妈常常叮嘱我们，不要和陌生人说话，不要向陌生人透露自己父母的职业、工作，也不要向陌生人透露自己家的具体家庭住址，因为这些都属于我们的隐私，一些不法分子一旦掌握了我们的具体信息，就有了可乘之机，令我们以及家人处在危险之中。

宁宁是一名小学生，他的家离学校不太远，爸爸妈妈就让他放学后自己回家。

一天下午，宁宁放学后照常一个人开开心心地往回走，走着走着，他总感觉有人在后面跟着他。于是，他加快了脚步，而那个尾随者依然跟着他，趁周围没人时，那个人叫住了宁宁："小朋友，别害怕，叔叔不是坏人，我和你爸爸原来是一个单位的，我找你爸爸有点事，但不知道你家住哪里。"

宁宁一听是爸爸的同事，于是放松了下来，直接告诉了那个叔叔自己家的具体地址，他们还边走边聊了一会儿呢。叔叔问他："爸爸妈妈经常带你出去玩吗？一般什么时候去？爸爸妈妈是不是特别舍得给你花钱？"他们聊了一会儿后，那个叔叔说："我今天还有点别的事，改天去你家找你爸爸，顺便看你。”

就这样，他们分开了，宁宁高高兴兴地回家了。

几天后，宁宁家的门被人撬了，丢了八千元现金。大家都很不安，宁宁突然想起了几天前那个问他家庭住址，说是爸爸同事的叔叔，赶紧告诉了爸妈。爸爸一听便觉得有问题，他对宁宁说：“可能问题就出在这里，我的同事怎么可能去找你？再说了，几个关系好的同事都知道我们家在哪里，不可能去找你问，那个人很可能就是小偷，我们赶紧报警吧。宁宁，你好好想一想那个人长什么样子。”

警察叔叔来做调查，宁宁将那天和自己聊了好一会儿的那个可疑人员的外貌特征描述了一番。警察叔叔说：“这个人的嫌疑很大，我们会尽快调查清楚的。你以后一定要注意保护自己的隐私，千万不要再向陌生人透露自己及家人的信息了，这些都是个人隐私，犯罪嫌疑人很可能会根据这些信息作案。”

宁宁也意识到了自己的错误，是自己放松警惕导致家里损失了那么多钱，他很懊悔。

社会中的一些陌生人常常利用小孩子套取信息，小孩子由于天真、社会经验少，往往很容易相信他们的话，在不知不觉中将自己的隐私泄露给了外人。孩子，一定要从小树立保护个人隐私的意识，不要上了坏人的当。

俗话说："防人之心不可无，害人之心不可有。"是啊，不管是对熟人还是陌生人，都要有防范意识。

作为男孩，我们一定要提高警惕，无论是现实社会还是网络世界，在和陌生人聊天时，一定要将自己及家人的隐私保护好，不向陌生人暴露自己及家人的电话、家庭住址、父母工作单位、家庭收入等。要知道，在陌生人面前过分暴露自己的隐私，是很不安全的。

儿子，我们在与人交流的过程中，既要真诚，又要注意保护我们自己的隐私。保护自己的隐私，能够更好地保证我们的利益不受侵犯。我们的很多信息都关乎着我们的切身利益，稍有不慎就有可能被不法分子利用，给自己带来损失。

# 遵守交通规则

“路上小心点。”“慢点啊！”“路上注意安全。”……每当我们出门时，爸爸妈妈总会不停地叮嘱我们，我们也不知道听过多少次这样的嘱咐与叮咛。也许我们早已习惯，也许常常随便应和一声就走了。但这简短的叮咛中，包含了父母对我们安全的重视。

随着社会的不断发展，自行车、电动车、汽车、高铁、飞机等已成为人们日常出行常用的交通工具，先进的交通工具给我们的生活带来了巨大的便利，但也带来了不小的安全隐患。

王佳乐是一名高中生，由于家离学校有点远，父母给他买了一辆电动车，让他自己骑车上下学。父母给他讲了很多交通安全注意事项，如：不管马路宽与窄，车多还是车少，一定要遵守交通规则，不管在什么情况下都不要与车辆“抢道”，自己骑车要慢一些，有些司机开车快，如果关键时刻刹不住车，很容易出现交通事故……父母希望他注意安全，王佳乐都铭记在心。

一次，几个同学约好一起出去玩，大家都骑着电动车。有一个同学的电动车后面载着另一个同学，他骑得很快，而且觉得这样很酷。王佳乐告诉他们这样很危险，可这个同学却说："没事，我的技术好着呢。"后面被载的那个同学还时不时站起来看前面。

就在这时，一辆汽车迎面开来，那位载人的同学躲闪不及，被撞倒了，两位同学都摔倒在地，被行人送往医院。王佳乐和其他同学被眼前的一幕吓坏了，他们明白了注意交通安全的重要性。

王佳乐谨记父母教给他的交通安全注意事项，将安全放在第一位，而他的同学却忽视交通规则，忽视安全，在公路上快速骑行，极其任性，最后导致了交通事故的发生，他们的意外值得我们每一个人深思。

人们在道路上进行活动时，要按交通法的规定去行车、走路，避免发生人身伤亡或财物损失。在这个世界上，几乎每分钟都有人因车祸而导致伤残，每天因车祸死亡的人数达 300 人左右，这是多么可怕的数字啊！

我们在平时的生活中应该如何遵守交通规则，预防交通事故的发生呢？

1. 坐车时要系好安全带，手和头不伸出窗外，不与司机攀谈，不催促司机开快车；

2. 乘坐公共交通工具时要按顺序排队上车，下车时不突然跳下车；

3. 在道路上行走时要走人行道，如果没有人行道要靠右边行走；

4. 在道路上不追逐打闹，不低头看手机，不做妨碍交通的行为；

5. 不钻、不跨越人行护栏和道路隔离设施；

6. 遵守交通规则，红灯停，绿灯行，若没有交通信号灯，则要注意来往车辆，让车先行，不在车辆临近时突然横穿马路；

7. 不在道路上使用滑板、轮滑等滑行工具；

8. 不在道路上强行拦车、追车、扒车或抛物击车；

9. 不擅自进入高速公路、内环路、外环路、高架桥、行车隧道等机动车专用道；

10. 骑车时要集中注意力，不东张西望，不与汽车抢路，不在夜间或恶劣天气时骑车。

无论什么时候，我们都要有交通安全意识，只有遵守交通规则，才能为我们的生命保驾护航。

**爸爸妈妈有话说：**

儿子，作为交通的参与者，我们要严格遵守交通规则。这既体现了我们的个人素质，同时也是我们交通安全的保障。很多人在道路上会怀着侥幸心理横冲直撞，觉得汽车不敢撞自己，给自己带来灾难性的后果。其实，每一场交通事故都告诉我们，没有哪个司机愿意去撞你，大部分的交通事故，都是不遵守交通规则导致的。

# 拥有良好的人际关系

我们生活在这个社会中，自然免不了要与人交往，处理各种人际关系。能否妥当地处理人际关系，既是对我们社交能力的考验，同时也关乎着我们能否有一个良好的人际关系，能否在生活和学习中获得别人的认可。作为男孩，必须具备处理人际关系的能力，为自己营造良好的人际关系，进而赢得别人的认可和尊重。本章从多个角度向同学们讲述了如何才能处理好我们的人际关系，帮助同学们妥善处理自己的人际关系。

## 结交良师益友

有一位哲人曾说过：“没有交际能力的人，就像陆地上的船，永远到不了人生的大海。”可见，人际交往对一个人的发展是多么重要。善于交往的人更容易实现自己的愿望，其成功的概率会比别人要大一些。

在人与人之间的交往中，有的人结交的是积极向上的朋友，是良师益友；也有的人结交的是损友，他们看似对你很好，与你称兄道弟，但实际上，与他交往对你今后的发展是有害处的。请记住，我们可以广交朋友，但绝不能滥交朋友。

李泽宇是个13岁的活泼少年，他平时非常喜欢交朋友，不管是学习好的还是学习不太好的同学，他都能和他们玩在一起，大家总是那么开心。

最近，李泽宇和王强等人在一起玩，因为王强他们经常在一起抽烟、喝酒、说脏话，李泽宇受到了他们的影响，原本从来不说脏话的他也时不时会冒出那么一两句。慢慢的，他的学习没有从前那么认真了，成绩也不如从前好了。

一次，爸爸妈妈带他去朋友家玩，朋友的儿子和他正好年龄相仿，他们在一起聊天、玩象棋、看书，一起探讨自己的日常生活和学习，非常开心。李泽宇的这位新朋友积极阳光，他告诉李泽宇，自己平时喜欢看书，而且看书的种类很多，他能从书中学到很多自己以前不知道的东西。这位朋友温文尔雅，知识十分渊博。李泽宇看看自己，简直和人家差了十万八千里。

这次不凡的经历给李泽宇留下了深刻的印象，他想，这位朋友一有时间便去翻看各种书，所以才能讲出很多书中的内容，还有自己的理解和看法。而自己却将大部分时间浪费在了无用的社交上，有着许多整天不学习只懂玩乐的朋友，真是不应该。李泽宇下定决心，一定要向这位朋友学习。现在，他们两人已经成为好朋友，经常在一起讨论学习中遇到的问题，讨论当前国内发生的新闻。

李泽宇的智慧在不断增加，知识和见识也在不断增长，他的成绩自然稳步上升了。李泽宇开始时遇到了损友，后来又遇到了益友，他前后的变化也诠释了那句“近朱者赤近墨者黑”的道理。社交能力强、喜欢与人交往的男孩很容易形成开朗活泼、快乐豁达的性格，这样的性格更容易与人打成一片，更能轻而易举地融入集体当中，更容易拥有好人缘，在遇到困难时更容易获得别人的帮助，更容易成功和胜利。

我们怎样才能结交到良师益友呢？

第一，注重提升自我修养。

男孩可以不断完善自己的人格，并自觉调整自己的意识和行为，控制自己的情绪，做个情绪稳定、和善、品德高尚的人。

第二，善于观察。

根据对方做人做事时的言谈举止，我们就可以大体知道他的人品、个性、爱好，从而可以判断他是否值得深交。

第三，懂得尊重他人。

尊重他人，不说脏话、不骂人、不侮辱人、不蔑视人、不打架。只有让别人得到尊重，他才愿意与你交往。

第四，主动与有不良嗜好的人保持距离。

第五，坦诚相待。

与人坦诚相交，会拉近人与人之间的关系，让人觉得你是个真诚、善良、朴实的人，从而愿意和你做朋友。

第六，学会与他人合作。

现代社会各行各业都需要人们之间相互合作，一个人的能力再强，也不可能凭借一己之力完成所有的事情，更不可能独自战胜所有的困难。结交良师益友，学会与人合作，可以最大限度地发挥集体的力量，这也是让自己强大、让集体强大的一种方式。

孩子，在你的一生中，多交几个良师益友吧！虚心向他们学习，不断让自己成长，使自己变强大。

**爸爸妈妈有话说：**

儿子，爸爸妈妈希望你能多交一些好朋友，这样，你的生活就能丰富多彩，当你快乐的时候有人共享，悲伤的时候有人倾听。但是，爸爸妈妈也想提醒你，结交朋友的时候一定要了解对方，多与那些积极向上、品行端正的人交往，同时要远离那些三观不正、喝酒抽烟的人，他们只会将你拖下深渊，不会对你的成长有任何帮助。

## 学会赞美他人

俗话说："良言一句三冬暖，恶语伤人六月寒。"可见语言的力量有多强大，一句赞美的语言会给人带来无穷的力量。一个人的发饰、着装、谈吐、行为、姿态等都可以成为我们赞美的话题。"哇，你的字写得真是太漂亮了！""你的身材真好，穿什么衣服都漂亮。""你的学习这么好，一定有过人的学习秘诀吧？""你的性格真好，从来没见过你乱发脾气。"

世界上没有十全十美的人，一个人不可能只有缺点没有优点，只要你用心，就能找出对方的优点，如果再加以赞美，你们两人的关系一定会得到升华。

任何人取得一定的成绩时，都希望得到他人的夸赞，真诚地鼓励和赞美他人，不仅能感动对方，也能使你得到对方的好感和尊重。我们要学会适时地夸赞他人，夸赞他人只需几秒，但能使被夸的人开心一整天。

李兵是班里学习成绩中等的孩子，他的体育一般，唱歌也一般。有时他因为考不好而被老师批评，因为唱歌跑调而常常引得同学们哄堂大笑。李兵觉得自己一无是处，很是自卑。

一次书法课结束后，王浩正好从李兵课桌前路过，看到了李兵的书法作品，不禁赞叹道："李兵，你写的字真是太漂亮了，有大家风范。"

李兵被王浩这么一夸，顿时高兴起来，他便和王浩聊了起来，他们两人边聊天边玩耍，很是开心。

李兵自从被王浩夸赞后，便有了自信，在写字时更加认真了，他觉得自己是有优点的，并不是一无是处。李兵和王浩成了好朋友，常常在一起聊天、玩耍、探讨学习。

李兵在自己的日记中写道："今天王浩对我的字大大夸赞了一番，是他的赞美点燃了我对自己的信心，这次赞美为我点亮了前行的道路。我们两人现在已经成了形影不离的好朋友，我现在感觉在学校上学是一件很美好的事情。"

同学王浩的一句赞美，一次认同，让李兵重拾信心。是赞美让李兵看到了生活的美好和希望，给了他无穷的力量。

每个人都喜欢听到别人的夸赞，当我们听到别人对自己的夸赞时，心情会变得轻松愉快，这有利于双方的下一步交流。当然，我们在赞美别人时要真诚，要恰到好处。虚伪的夸赞、违心的称赞则会适得其反，令人心生厌恶。

赞美他人是一种境界，一种涵养；赞美他人是对他人的一种肯定，一种尊重；赞美他人是一种沟通，也是一种祝福。

赞美是对他人的认同，也是对他人的肯定，赞美更容易引起彼此之间的共鸣，使双方产生更好的沟通，从而建立良好的关系。当你赞美别人时，就像用明灯为别人照亮了生活，使他愉快而满足；同时，这盏明灯也照亮了自己的心田，会推动你对所赞美事物的向往，引导自己向这方面前进。孩子，如果你想要成为一个受欢迎的人，那就不要吝啬自己的赞美，发现他人身上的优点，真诚地赞美对方吧。

我们真诚地赞美他人时，既可以发现别人的优点，同时也能使自己对人生产生乐观、欣赏的态度，对人对己都有益处，能增强双方的自信。经常赞美别人的人心胸开阔，心情愉快，与他人的关系大多是和谐的。

孩子，请记住，多个朋友多条路，赞美他人能使自己的路更宽更广，使自己的机会更多。我们在不断充实、增强自我能力的同时，还需要修炼一下赞美他人的技巧。赞美他人需要注意的是：

第一，赞美要适时，不能过早也不能过晚；

第二，赞美要坦诚得体，说中对方的长处；

第三，赞美他人坚决杜绝虚伪、杜绝阴阳怪气。

第四，背后赞美他人效果会更好。

**爸爸妈妈有话说：**

儿子，我们在与人相处的过程中，要学会赞美他人。通过我们的赞美给别人带去信心和力量，同时也能带来他人对我们的认可和感激。多赞美别人，多发现别人身上的优点，这样，我们的人际关系一定会非常好，因为大家都觉得你是最懂他们的那个人，自然愿意与你交往。

## “哥们义气”要不得

受中华传统文化的影响，许多男孩一直以来都是“义字当头”，将义字看得很重要，如果一些男孩不讲义气，则会被男生圈子排挤和孤立。所以，有时候，即使有人不这样想，并不认为它是正确的，也会因为所谓的“哥们义气”而去做一些不太妥当的事情。比如，两个男孩是好朋友，一个男孩要逃课，另一个男孩即使觉得这种行为不对，他也会因为哥们义气而做出一样的行为。之所以出现这样的状况，是因为青春期的男孩的思想还不成熟。

男孩会觉得，大家都是兄弟，为兄弟两肋插刀才是真朋友。但其实哥们义气会使男孩陷入小团体意识，他自认为的哥们义气带有盲目性，只是一种纯粹的主观感受，与客观事实严重不符。

青春期的少年们，由于受到一些结义、拜把子之类的思想的影响，加上对朋友的概念认知不够，以至于为了所谓的哥们儿义气，不辨善恶、不分好坏、不管后果，成为大家眼中缺乏理智的人。然而，许多时候，这些“朋友”都不是真朋友，而是将他们带入歧路的人。

王宁与李明是好朋友，他们还学着古人，对着月亮结拜了，约定以后有福同享有难同当。两个男孩平日里感情很好，一起上学，一起吃饭，一起放学回家，一起写作业。

有一天的课间，两人一起去卫生间时，遇到了隔壁班的一个男生，由于王宁不小心碰到了对方，被对方打了一拳。李明一看自己的好兄弟被打了，觉得自己不能袖手旁观，出于哥们义气，踢了对方一脚，而这一脚刚好踢到了对方的肚子，对方当时就疼得直不起腰来了。当时两个人还沾沾自喜，觉得还好有哥们儿在身边。

此时，已经有人报告了老师，还好老师及时安排人将那个受伤的男生送到了医院。据医生所说，这一脚踢得对方的脾脏破裂了，需要做手术。老师赶紧联系了他们的家长，家长到来后首先安排受伤的男孩做手术抢救，然后对王宁与李明问道：“你们谁踢的他？”李明说：“我踢的。”

他的老师和妈妈说："你为什么要踢他？"李明说："他打了王宁一拳，而王宁是我兄弟，我要为他报仇。"老师问："那他为什么打王宁？"李明说："因为王宁碰到了他。"老师又问："那当时王宁道歉没？"李明说："王宁还没来得及道歉，他就打了王宁。"老师说："那就是都有错，但即使这样，也是他俩的事情，你掺和进来干吗？现在，对方被你踢得脾脏破裂，做手术需要一大笔钱，你们两家商量着处理一下这件事情。"

王宁妈妈一直没开口，此时听到老师这么说，便说道："虽说李明踢那一脚是为了我家孩子，但那毕竟不是我家孩子踢的，所以这医药费我只负责20%，这已经是看在两个孩子交情的份上了。"王宁似乎想要阻止他妈妈这么说，但是他被妈妈一瞪就不敢说话了。李明妈妈说道："事情已经发生了，我看还是报警吧，让警察和法院来处理，他们说我出多少，我就出多少。"然后，李明妈妈对着李明说道："看到了吧？这就是你所谓的哥们义气。"李明觉得让家里赔偿一大笔钱不应该，同时又觉得自己的兄弟不顾自己，很是伤心。

案例中的李明因为哥们义气打伤了人，但是在最终承担责任的时候，哥们儿退缩了，需要自己的爸爸妈妈承担大部分赔偿。对于处在青春期的男孩，将哥们义气看得重于一切，这是一个极度缺乏理智、行事只讲感情的表现。显然，这种讲哥们义气的人，独立性不够，判断力不行，思考力也不行，他们只是被所谓的哥们义气所绑架，去做一些不太正确的事情，导致最终形成错误的人生观、价值观。

哥们义气真是害处多，有的人因为它形成了很多恶习，有的人就此走上了人生歧路，有的人则被所谓的哥们儿利用，最终不但没有收获友情，还影响到了自己的人生。为了让孩子认识到哥们义气的害处，我们建议：

1. 帮助孩子分辨什么是真正的友谊；

2. 鼓励男孩不随波逐流，而要坚持原则，形成自己的处事风格；

3. 教会男孩要懂得拒绝，不要被哥们义气裹挟；

4. 告诉孩子遇事要理智一些，而不是仅凭一腔热血往前冲；

5. 重视对男孩的心理教育，帮助孩子增强独立意识，让孩子拥有正确的三观。

总之，父母要重视男孩的所谓的哥们义气，与老师共同努力，帮助他们形成对友谊的正确认知，让他们拥有分辨是非曲直的能力，让他们坚持原则，不受不良风气的侵害。

**爸爸妈妈有话说：**

儿子，之前你的衣服上有脚印，妈妈问你是谁踢的，你死活都不告诉妈妈，妈妈知道你认为这样是讲义气。但是，孩子，我想要告诉你，不是讲哥们义气就可以收获友谊，你应该分清楚什么是真正的友谊。妈妈希望在你的人生路上，有挚友相伴。妈妈不愿意看到你被裹挟在哥们义气里，做一些违心的事，说一些违心的话，甚至连开心也是装出来的。

## 坦然与异性交往

小时候，男生女生经常在一起玩，小孩子之间的友谊是那么纯洁无瑕。渐渐地，我们长大了，到了小学高年级，我们知道了男女有别，便不再像从前那样，无论是男生还是女生，几个人肆无忌惮地追着闹着在校园里跑啊、跳啊，因为我们明白了男女之间不一样。等到了初中、高中阶段，我们都进入了青春期，男生与女生走得太近，常常会引起各种误会和曲解，甚至会被大家认为是“早恋”。“早恋”在父母、老师眼中是大事，会给男生女生带来麻烦和困扰。

对于进入青春期的男生女生来说，互相有好感是十分正常的一件事。我们只要做到坦然与异性相处就可以了。就像电视剧《追光的日子》中，高远和任真、王放和赵晓晓那样自然相处就可以了。他们几个人经常在食堂一起吃饭，偶尔会一起出去骑行，一起到海边玩，在学习和生活上，谁有困难其他人也会伸出援助之手，互相帮助，这样的同学情谊不得不说是令人羡慕的。

宇航是一名七年级的学生，他性格温和，班里的同学都喜欢和他玩。宇航喜欢跑步，他几乎每个周末都会到小区外面跑步。有一次，他在外面跑步时，正好遇到了同班同学小琪，原来小琪也喜欢跑步，他们对相遇感到很惊讶，也很开心。之后，他们经常相约一起散步，在学校也经常打打闹闹，同学们看到了便在背后指指点点，议论他们“早恋”。刚开始，他们俩觉得没什么，认为大家只是一起玩没什么，并不在乎那些闲言碎语。后来，班里有同学会拿宇航和小琪开玩笑，说他俩谈恋爱，真是郎才女貌。这对他们的学习和生活产生了一定的影响，后来，他俩渐渐地疏远了，保持了一定的距离。

难道青春期的男生女生就不能正常交往吗？难道男生女生之间就真的没有纯真的友谊吗？他们很是不解。

其实，处在青春期的孩子对异性有好感是很正常的一种现象，是性意识发展到一定阶段的必然表现，只要坦然相处并保持一定的距离就可以。

男生与女生相处应该注意什么？

第一，男生在与女生相处时要保持适当的距离，不要有过于亲密的身体接触。

第二，男生在与女生交往时要注意自己的言语、表情、行为举止等，做到自然大方，坦诚相待，这对大家的生活、学习以及身心健康都有益处。

第三，男生在与女生相处时要有分寸，要有界限，不能像与男生相处时那样随便，更不能肆无忌惮地开玩笑，把握适当的分寸，能使大家相处得更融洽、更自然。

青春期是我们人生中相对复杂的一个时期，酸甜苦辣可谓样样俱全，但这也是我们值得回味的一个时期。少男少女如初开的花朵，充满了活力和朝气。沉浸在其中的你应该尽情享受这种充满希望的感觉。我们的学业充满希望，我们的未来充满希望，总之，一切都是那么的美好。而男生与女生之间的交往，更是因为情窦初开而夹杂了一丝酸涩的味道。

作为男生，在与女生交往时要坦然，要理智，要明白自己能做什么，不能做什么，保持纯洁的同学之情，时间会给出最好的答案。

### 爸爸妈妈有话说：

儿子，步入青春期的你在与异性相处时难免会有一些悸动和尴尬。对于这样的状况，我们坦然面对就好了。用坦然的心态去与女同学正常交往。即使在某一刻你怦然心动了，也请你暂时克制住自己的情绪，用理智浇灌出智慧的花朵。

## 学会处理与同学的矛盾

男孩上学以后，与同学相处的时间很长，其中难免会出现一些磕磕碰碰。有些男生不懂得怎么与同学相处，在处理人际关系方面有欠缺，这时就需要父母从旁指导，教会孩子正确处理与同学之间的矛盾，帮助他们健康成长。

通过观察我们发现，那些不会处理与同学矛盾的同学，通常在性格上会有些内向，他或许是不敢主动找同学说话，或许是无法参与到同学们的话题中去，或许是只沉浸在自己的世界里，让人觉得太冷漠了，因而同学们可能都不想找他玩。这种性格的形成可能与男孩的成长环境有关，如果他的父母本身就寡言少语，或是父母经常吵架，那么孩子也会受到影响，渐渐地他也会不想说话，不想与同学相处，会从心底排斥人际交往。那么，当他与同学出现矛盾时，就会有些不知所措。

田小峰今年 10 岁，是个很让人头疼的小孩。他妈妈生他时，年龄已经比较大了，父母盼了好久才有了他，他们觉得孩子来之不易，所以在养育他时有些“娇惯”。

田小峰要什么，父母总是在第一时间满足，即使他看上了小妹妹的布娃娃，父母也会想办法帮他弄过来；他不喜欢什么，父母总是事先将这些东西拿走。他喜欢与邻居家的小狗玩，即使是晚上十点多了，父母也会带着他去邻居家，丝毫不顾及邻居工作一天后的疲惫；他与别人家的孩子打架，父母不问青红皂白，总是在第一时间将错误归结到别人身上。久而久之，田小峰越来越任性，他乱发脾气，不讲道理，总是以自我为中心。这样的性格，在家里父母会惯着，但是在学校却没有人会包容。

有一次，田小峰的同桌带来了一个他没见过的文具，据说是同桌的姑姑从国外给他带回来的。田小峰也很感兴趣，伸手就要拿来看看，然而被同桌阻止了。田小峰很生气，不但把自己的桌子踢倒了，还把同桌的桌子踢倒了，哗啦啦，各种东西纷纷落地，有的东西还砸到了一些同学。眼看着两人就要打起来，这时，老师进来了。老师问：“你们这是怎么回事？”同桌说：“田小峰要看我的新文具，可是我不愿意让他看，他就推倒了我的书桌，东西掉下来，砸到了很多同学。”老师问田小峰：“你为什么要这么做？”田小峰觉得老师要责备他，马上就哭了起来，然后委屈地说道：“我就想看一看他的文具，怎么了？不能看吗？”同桌说：“我的文具为什么要给你看，我就是不给你看。”听完，田小峰就躺在地上哭。

老师与他们沟通无果，便联系了他们的父母。田小峰的妈妈上来就说：“老师，那肯定不是我家孩子的错。再说了，我家孩子不就是想看看吗？看看又怎么了？”面对这样的家长，老师一时间都不知道该说些什么了。

案例中的田小峰就是个被宠坏的孩子，由于父母的过度宠溺，他任性得想要做什么就做什么，甚至是有些不讲道理。如果他当时与同学好好说，想必也不会起冲突，更不会有之后的事情。任何小孩都不愿意成为同学眼中不讲道理的存在，也不愿意被同学排挤在外。所以，家长在教育孩子时便要格外注意了。

一些小孩的性格过于自我，在与同龄人交往的时候，缺乏集体意识，导致其他小孩不喜欢他，而他也不会与同学相处，遑论处理与同学的矛盾了。为了避免这样的状况发生，我们总结了一些有效的小方法：

1. 父母要做好榜样。

孩子接触最早，接触时间最长的就是家庭及父母了。父母可以尽量让自己在家庭中活跃一些，那么孩子在无形中受到影响，也会不那么内向，慢慢活跃起来。另外，父母还应该多带孩子参加一些大人的社交，那么孩子也会在这样的环境中学会如何社交。

2. 坦诚面对孩子的社交问题。

当孩子的社交出现问题时，家长应该坦诚面对问题，对孩子的状况进行认真分析，将问题的本质原因找出来，然后适时培养孩子的沟通能力。

3. 多鼓励并赞美孩子。

当孩子与同学出现矛盾时，家长要多鼓励孩子，让孩子面对挑战保持乐观和勇气。在孩子为解决问题而付出努力时，父母应该学会赞美孩子，以增加孩子的自信心，让他们轻松地去处理与同学的矛盾。

4. 父母要给予孩子必要的帮助。

当孩子与同学发生了矛盾，父母不要粗暴地、不耐烦地对待孩子，而是要安慰和开导他，帮助他们积极地解决与同学间的矛盾。

总而言之，父母应该重视孩子与同学发生的矛盾，如果发现孩子在人际交往上有所欠缺，父母应该引导孩子认识矛盾、了解矛盾、解决矛盾，帮助孩子积极地去处理矛盾，让孩子健康快乐地成长。

**爸爸妈妈有话说：**

儿子，你上周与同学发生了矛盾，妈妈没有顾及你的感受，没问清是非对错就指责了你，这是妈妈的错，妈妈向你道歉。妈妈以后不会这样做了。孩子，学校就是一个小社会，你在这里会遇到各种性格的同学，你们产生摩擦也在所难免。妈妈希望你可以学会处理与同学的矛盾，与同学和睦相处。

# 学会调整自己的心态

在男孩成长的过程中，除了要有一个健康的身体，拥有一个健康的心态也尤为重要。好的心态，能够让孩子在面对困难与挫折的时候，更加沉着、理智；在面对压力与失落的时候，能够有更强大的内心。让孩子以一种阳光、积极的心态面对生活中的点点滴滴，以超强的心理韧性应对学习中遇到的各种困难，始终保持自信，朝着目标坚定前行。

## 让自己远离忧郁

男孩在成长的过程中，难免会遇到一些学习压力，或是人际关系的问题，面对这些问题的时候，如果调整不好心态，便很有可能变得不开心，甚至会变得忧郁与焦虑。

忧郁的男孩，让人感觉灰蒙蒙的，一点也不阳光。忧郁的男孩通常情绪都容易低落，似乎没有什么能够让他们开心的事情，而且会经常陷入自责内疚的情绪里，对自我的评价不高，爱哭，总是一副沮丧、悲伤的样子。有的孩子情绪容易冲动，严重些会暴躁易怒，经常由于一件微不足道的事情，便大发脾气。

忧郁的另一个表现是思维迟缓，忧郁的男孩总是会感到疲乏，精神不济，很难将注意力集中起来，记忆力也会减退，经常忘记事情，一些生活中的事情、刚刚说过的话、课本上的知识等，说记不起来就记不起来了，以至于最终成绩下降得很厉害。

忧郁还有一个表现是意志以及活动的减退，比如曾经很喜欢的东西，现在不喜欢了；以前很喜欢与人交流，现在有时会躲避人群；以前很喜欢上学，现在却产生了厌学的情绪。

李麟今年读八年级，周一至周五在学校住宿，周六和周日在家。他喜欢安静，不怎么爱运动，浑身散发着一股忧郁的气息。

马上就要放寒假了，有一天晚上，已经关灯了，宿舍忽然传来哭泣的声音，把大家吓了一跳，在寻找了一番后，大家终于确定哭泣声是从李麟那边发出来的。大家十分疑惑地问道："李麟，你这大半夜的不睡觉，哭什么啊？"李麟说："马上要放寒假了，我要一个假期见不到你们了。"他说着眼泪又流了下来。一时间，大家不知道该怎么安慰他。

终于放假了，李麟坐上了回家的汽车。此时，他忽然接到了妈妈的电话，询问他什么时候到家，他回答只要几分钟就到。妈妈吩咐他，回来时在楼下超市买瓶酱油，李麟说："好的，妈妈，我知道了。"十分钟后，李麟终于回到了家，妈妈从厨房出来，伸手跟他要酱油，李麟这才想起来忘记帮妈妈买酱油了。妈妈有些奇怪，这孩子记性怎么这么差了。

没想到这只是一个开始，李麟妈妈发现儿子的记性真的不太好，自己跟他说话没几分钟，他就将之忘在脑后，而且他做事也是行动迟缓。另外，李麟每天都散发着忧郁的气息，满脸都是不开心。妈妈对此十分担心，不知道如何做才能使孩子从这种忧郁的状态中走出来。

案例中的李麟爱哭、爱忘记东西，看上去有些忧郁，很多家长觉得这很正常，并没有当一回事。但是如果不干预，任其渐渐发展下去，不但会影响孩子的学习，也会影响孩子的生活。父母如果发现孩子具有忧郁特征，还是应该予以重视。比如李麟的妈妈，她已经意识到这种状态不好，还想要去改善这种状况，只是又不知道该怎么办。

为了帮助大多数受此困扰的父母，我们总结了以下几点方法，希望可以让孩子开心起来。

1. 让孩子信任你。

父母应该让孩子信任你，这是一件十分重要的事情。如果孩子遇到了困难，会第一时间去向你倾诉并寻求你的帮助，这就是一种信任。父母不要以忙为借口，而不与孩子沟通，而应该给予孩子关爱与支持，让孩子感受到呵护与温暖。

2. 让孩子多参加体育运动。

爱参加体育运动的男孩，通常很容易获得快乐，能感受到一种成就感，这有助于帮助男孩在提高身体健康水平的同时减轻压力、增强自信心，因而父母要鼓励孩子多多参加体育运动，爱上体育。

3. 让孩子保证充足的睡眠时间。

如果一个人的睡眠时间不足，可能会出现情绪波动、难以集中注意力等问题。为了让男孩有一个健康的心理，父母应该营造一个适宜睡眠的氛围，让孩子获得充足的睡眠。

4. 让孩子具备自我调节的能力。

父母可以教会孩子几个放松的小方法，比如深呼吸、渐进性肌肉松弛、听一听自己喜欢的音乐等，当他们在紧张或是焦虑时，这样的方法可以让他们平静下来，这有助于提高逆商。

总之，父母要关注孩子的心理健康，让孩子每一天都快快乐乐的，远离忧郁及各种压力，做一个阳光的、拥有积极人生观的人。

儿子，你那天说喜欢一个明星的忧郁气质，爸爸妈妈觉得忧郁并不是一个褒义词。大凡忧郁的人，都看起来有些不太快乐，可是很多时候，那些让他们不太快乐的因素，其实都是一些小事情。我们应该具有积极的人生观，应该快快乐乐地过每一天。另外，爸爸妈妈建议你去培养一个自己的兴趣爱好，在自己热爱的兴趣上钻研，有助于找到生活的乐趣和学习的动力。

## 让自己远离嫉妒

嫉妒是因为别人比自己好而心怀怨恨的一种不良心态。当一个人面对别人在学习、才能、名誉等方面比自己好时，面对别人拥有的比自己多时，心中不免会产生羡慕或嫉妒的情绪。当然，羡慕是人的一种正常情绪，而嫉妒可能是一种正常的心理现象，也可能是一种病理状态。当嫉妒别人到影响自己、影响他人的正常生活和学习时，就已经属于病理状态了，需要自行调整或请心理医生帮忙调整。

当人与人进行相互比较时，就有可能出现别人比自己优秀的情况，这时自己会产生崇拜、羡慕、嫉妒的心理。如果我们将这种心理变成激励自己向前的动力，那这种心理状态就是好的，能助力我们成长。如果出现猜疑、不信任、仇恨、说谎、报复、破坏性行为等情况，那这种心理状态则变成一种病理状态，不仅使人的心情变糟糕，甚至会做出不当的行为，伤害他人，伤害自己。

嫉妒是自卑心理的一种表现，也是心态失衡的一种表现，是我们进行人际交往的大敌。

李晓峰是一名八年级的学生，一直以来，他的成绩在班里都是名列前茅。他的同桌刘凯和他的学习成绩不相上下，两人一直在齐头并进。前几次考试，李晓峰总是全班第二名，刘凯是第一名。李晓峰是个争强好胜的人，他加倍努力，就想在下一次考试中超过同桌刘凯，但当考试成绩出来后，他仍然没有超过刘凯，他很气愤。有一次，学校组织演讲比赛，刘凯参加了比赛，他精彩的演讲获得了全校师生的称赞，大家将鲜花和掌声送给了优秀的刘凯。大家都在祝贺刘凯，而李晓峰却产生了嫉妒之心，他心想：“这有什么了不起，要是我演讲一定比他更精彩。”之后，李晓峰时不时会在同学中说刘凯的坏话，说刘凯的学习没有他努力，说刘凯说话快，根本听不懂……

有时，嫉妒会毁掉一个人的心灵。李晓峰的心思逐渐不在学习上了，他总想着怎样比刘凯强，怎样比别人好。

就这样日复一日，转眼间到了期末，李晓峰的期末考试成绩让他大吃一惊，不仅退步了，而且下降了很多。

妈妈询问原因，李晓峰说自己最近心态不太好，总是嫉妒别人比自己强，所以没有用心学习，没有好好努力。

妈妈安慰道：“儿子，人与人之间是存在差异的，面对别人比自己优秀时，我们要积极面对，坦然接受，努力超越。我们要将精力用在改变自己上，虚心学习他人的优点，多向他人请教自己不懂不会的地方，与他人互相帮助，这样你们都能进步；不能心态失衡，更不能产生拉低对方水平的想法，这种想法一旦产生，就会使人变得不择手段而不正当的行为通常会在竞争中被人发现，这样便不能堂堂正正地达到与对方一样的成就。如果你不能调整自己嫉妒的心理状态，不仅会浪费自己的时间和精力，影响你的学习，而且还会影响你的心理健康。儿子，人无完人，我们要正确地看待自己，看待他人。妈妈建议你和刘凯交朋友，你们俩每天一起学习，形成良好的竞争状态，将之前的嫉妒化为学习动力，靠自己的努力提升自己的能力，用真实的能力来证明自己。”

妈妈说了很多，李晓峰觉得妈妈说的有道理，便开始调整自己的心态。

妈妈帮儿子分析了嫉妒的危害，并帮儿子树立了正确的竞争意识，引导儿子把嫉妒化为前进的动力。这是非常好的引导方式，其不但能够化解孩子的妒忌心，同时能够激发孩子的上进心。

在现实生活中，嫉妒心理的外在表现主要有对他人的长处，如才能、成绩等心怀不满，报以嫉妒；看到别人出头、冒尖，心有不甘，总希望别人落后于自己；自己没有竞争的勇气，经常会挖苦、讥讽、嘲笑、打击别人，甚至还会采取不正当的行为给他人造成伤害。

一个人一旦有了这种心理，便会严重阻碍他的交际能力，影响他的身心健康。嫉妒会吞噬人的理智和灵魂，影响人的正常思维，甚至会使人的人格扭曲，人格分裂。

我们应该如何避免产生嫉妒并纠正嫉妒的心理状态呢？

第一，提高自己的思想觉悟，认识到人与人之间是有差异的，不可能人人都得第一。

第二，多转移注意力，放松心情，充实自己的生活。

第三，通过努力让自己的劣势变为优势，化嫉妒为努力的动力。

第四，采取正当、合法、理智的手段来消除嫉妒心理。

孩子，请放下嫉妒之心，取人之长补己之短，我们可以在不断提升自己、强大自己的路上前进，不断优化自己，做最好的自己。

**爸爸妈妈有话说：**

儿子，在面对比自己优秀的同学的时候，爸爸妈妈希望你能与他们友好相处，学习他们的长处，从他们身上汲取积极的力量。面对我们自己的短板，要积极反思自己，找到自己落后的原因，迎头赶上。与强者为伴，你也会成为强者。临渊羡鱼，不如退而结网，不要嫉妒别人的成功，只要努力，成功也会向你招手。

## 让自己远离攀比

在青春期的孩子当中，攀比之风盛行。小到文具、鞋子，大到汽车、楼房。那些条件好的同学炫耀自己家多么阔绰，自己多么时尚；而那些条件稍差的同学则自怨自艾，抱怨自己没有生在这样好的家庭。在暗自神伤的同时，条件稍差的同学也会向比自己条件还差的同学炫耀自己的东西，以此获得心理的平衡。

在这种不良风气的影响下，本来应该互相比拼学习成绩学生都无心学习，总想着如何显摆自己。而家庭条件一般的同学总想着如何给爸爸妈妈施加压力，让他们为自己花钱，好让自己在班里找回面子。班级的学习氛围荡然无存，这对身体和思想正处在发育期的孩子造成了严重的伤害，很多孩子因此而三观扭曲，偏离了正确的成长轨道。

小亮的家庭条件一般，父母以打工为生。虽然家庭条件一般，但父母对孩子疼爱有加，从未让小亮在吃穿上受过委屈。别的孩子有的东西他也有，小亮在爸爸妈妈的精心照顾下慢慢长大。小亮一直生活在“舒适圈”，再加上学习也一直不错，他很受大家欢迎，是人们眼中的好孩子。

上了初中之后，小亮的班级中有几个同学家里特别有钱，平时那几个同学花钱如流水。小亮心想，他们真是太有钱了，平时穿的都是名牌，想吃什么就买什么，再看看自己，是那么普通，自己曾经的优越感一点也没有了。

小亮有了攀比之心，他也想像有钱的同学那样生活。

于是，小亮每次回家都向父母要很多钱，刚开始父母还勉强给他，但毕竟家里条件有限，不能总满足他的要求。小亮看从家里要不到钱，便动起了歪脑筋——悄悄偷东西、偷钱。第一次没被发现，他的胆子就大了起来。后来，他甚至心存侥幸到别人家里去偷钱，他被人当场抓住，人赃并获。小亮被警察抓走，最终被关进了少管所。

为了追求物质享受，小亮最终自己走上了一条错误的路，这是多么惨痛的教训啊。

为什么小亮会走上违法的道路呢？究其原因是他自己的虚荣心在作怪，和同学攀比已经深深渗透到了他的心里。虚荣心是一种脱离实际、盲目追求的心理状态，它会使人偏离正轨。每个人的虚荣心的强度是不一样的，有的人虚荣心强，有的人虚荣心弱，人一旦有了强烈的虚荣心，就会产生很多可怕的念头，为了实现自己的愿望甚至会不择手段，其后果很严重。

男孩如果形成了攀比、炫耀的性格，有了虚荣的心态，就会使自己眼界变窄，只看眼前，没有远见，缺乏志向，最终让自己失去真实的自我，与成功失之交臂。

男孩该如何避免和杜绝产生攀比之心？或如何调整自己的心态将攀比之心驱除呢？

第一，转移自己攀比的重点。每个人或多或少都有一些攀比之心，如比谁穿的衣服漂亮、酷，比谁的发型好看、流行，比谁得到老师的夸赞多，这些攀比只要不是太过分，就属于正常心理。

攀比包括两方面：一方面是不顾自己的实际情况，盲目地与人进行攀比；另一方面是积极地、善意地与他人进行比较。我们可以暗自与同学比学习、比成绩、比兴趣爱好、比理想。要明白，吃穿是外在的东西，而学习、理想才是内在的东西。与他人比谁的目标先实现，这样的攀比会更有意义。

第二，与自己进行比较。当我们发现自己在某一方面不如他人时，可以制订一个计划，在这方面多下点功夫，努力达成自己的预期目标。与别人攀比会使自己产生自卑心理，而与昨天的自己比会缓解自己的情绪，让自己在不断进步中成长。今天的自己比昨天的自己强就是进步，你会发现，当我们改变了对象后，自我的内在动力和价值感会不断增强，这会使自己更能集中注意力，更能关注自己所做的事情。

第三，努力充实自己。处在青春期的男孩，你们的人生观、价值观基本都会在这一时期形成，我们要抓住这个关键阶段，努力充实自己，学好文化知识，尽可能让自己多方面发展。在这一时期多培养一些兴趣爱好，如踢足球、打篮球、唱歌、看书等，而不应在这段美好时光里和别人比吃穿，攀比那些外在的东西。当一个人有了自己真正热爱的事情后，也就无暇与别人进行攀比了，那时的你会将自己的激情和精力都投入自己所热爱的事情当中。

**爸爸妈妈有话说：**

儿子，爸爸妈妈没能给予你最好的物质生活，但是爸爸妈妈把所有的爱都给了你，我们竭尽所能给予你我们能给予的最好的，如果这样的给予还无法达到你的心理预期，请你也不要埋怨爸爸妈妈。希望你能将自己的注意力放在学习上，你的成绩上去了，掌握了知识，这才是最值得骄傲的事情。

# 让自己远离自卑

嫉妒是人际交往的大敌，自卑是成长的绊脚石。自卑的人往往是悲观的，少言寡语的，忧郁孤独的，他们不敢与人交往，认为自己不如别人。自卑的人通常都性格内向，他们总觉得别人在背后说自己的坏话，总觉得别人瞧不起自己。

引起自卑的原因是什么？大体有如下几条：

1. 过多的自我否定；

2. 消极的自我暗示；

3. 挫折的影响；

4. 生理或心理等方面有先天不足。

总之，有诸多因素会让人产生自卑心理。有的学生身材矮小，有的学生相貌一般或相貌较差，有的学生父母离异，有的学生学习一般，这些学生大多在社交中不能阳光自信地与人交往，不能正确认识自己，不能正确对待别人，给人一种唯唯诺诺、畏手畏脚的感觉。

王林是七年级的一名学生，由于个子矮小，长相一般，且性格内向，不喜欢与人交往，他有一点自卑。

王林总是喜欢独来独往，自己吃饭，自己走路，学校组织的活动他从来不参加。他似乎把自己封闭起来了，不愿意与他人交流，喜欢自己独处。

王林时常在想自己怎么那么倒霉，长得不帅，个子还不高，和其他男生在一起，自己就像个小屁孩，而且自己连个特长也没有，这么普通的自己怎么能融入集体中？

最近，学校要举行运动会，有长跑、短跑、接力跑……项目很多，老师鼓励大家踊跃报名参加。王林想着，自己短小的两条腿怎么能跑快呢？同学们都纷纷讨论着自己要报哪一项，气氛异常活跃。而沉默的王林则显得与大家格格不入。

同桌问王林："你选哪个项目？"王林淡淡地说："我哪个也不选，我跑不快。"

同桌说："谁跑得有多快啊？老师让我们每个人都尽量参与，你也报一个吧，能拿上名次最好，拿不上，只要尽力了也挺好啊，重在参与嘛。"

王林想了一会，最后决定听从同桌的建议，试一下。王林报了个100米短跑，在老师和同学们的鼓励下，王林铆足了劲儿，使出浑身解数得了第三名，他还得了个奖状呢，老师和同学们都为他喝彩。

王林第一次在集体活动中感受到幸福和快乐，他发现原来自己也没那么不堪。后来，王林逐渐和同学们交流起来，才发现原来之前是自己想多了，同学们都很友好，也愿意和他玩。

自卑的人一般比较悲观，总喜欢往不好的方面想问题，令自己陷入一种坏情绪中。坏情绪会影响人的心情，让自己处于一种自我否定的状态中——觉得自己毫无用处，导致其对什么事情都没有兴趣，没有热情，有些颓废，有些消沉，对未来看不到希望，每天都过得浑浑噩噩的。

如何才能改变自卑心理？

第一，用积极的态度来面对现实，正确认识自己，正确评价自己，接纳自己的不完美。

第二，采用“阿Q”精神胜利法，告诉自己金无足赤，人无完人。

第三，平时要加强有关自信的练习，多与人交往沟通。

第四，将自己的心理预期降低一些。

第五，发现自己的优点，并将其发挥到极致，让自己由自卑转变成自信。

第六，不与别人比较，不要太在意他人的看法和评价，多关注自己。

一个强大的男孩，一定会让自己远离自卑，一定会让自己积极向上，快乐成长。

**爸爸妈妈有话说：**

儿子，在人生的道路上，不要去羡慕别人，活出自己，你就是最美丽的风景。珍惜我们现在所拥有的一切，努力追求我们心中所想要的东西，不要自卑，不要认为自己运气不好、能力不行，换一个思路，你的人生将会海阔天空。自信满满、勇敢地做自己，加油吧！少年。

## 别让他人的看法束缚你

青春期的男孩特别敏感，他们很在意别人对自己的看法。比如，今天自己迟到了，老师和同学会怎么看待我啊？今天自己换了个新发型，周围人会觉得自己帅气吗？今天没有完成作业，老师会觉得自己是个坏孩子吗？诸如此类的疑问，经常困扰着一些男孩。

有一个小男孩，由于骑自行车摔了一跤，头上破了个口子，医生在给他包扎的时候，需要剪掉受伤处的头发，而他却哭着说，一旦剪掉头发就不帅气了，真的是让人又生气又心疼。此时，第一重要的事难道不是让医生处理伤口吗？他却还有工夫关注别人的看法。

男孩太在乎别人的看法的原因是不够自信，他们想要从别人的眼神中、口中获得肯定，他们过于在乎别人的看法了，对什么都要追求完美，但这些只会给他们套上一层枷锁。其实，你认为的出糗的事、天大的事、过不去的事，也许在他人眼中根本就没有那么重要呢。

李滨刚刚升入初中，在与同学们的交谈中，他发现同学们都很厉害。有的说："我参加过数学竞赛，获得过全市第一名的好成绩。"有的说："我作文写得好，曾经在杂志上发表过文章。"有的说："我画画得好，曾经拍卖出去一幅画，还赚了好多生活费呢。"还有的说："我体育好，我是市运动员。"……

听着他们光鲜的经历，李滨有些自卑，自己就是个普通学生，没什么拿得出手的特长，也没有得过什么奖，更没有赚过什么生活费。平常，他们总是凑在一起踢足球，每次同学们喊李滨一起玩时，他明明十分想答应，但是又怕他们觉得自己踢球踢得不好，觉得自己不够优秀，所以每次李滨都婉拒了，只是远远地看着他们踢球，看着他们一副神采飞扬的样子。

有一次，学校的心理老师从他旁边经过，看到他眼睛一直盯着球场，却又独自坐在一边，显得有些不太合群。于是走过去，跟他打招呼，然后问他："我看你明明很向往踢足球，为什么不加入他们呢？”李滨有些局促地说道：“李老师，我觉得我没有他们优秀，而且我的球踢得也不好。”李老师想了想，问道：“你为什么会觉得自己没有他们优秀呢？为什么会觉得自己的球踢得不好呢？”李滨想了想说道：“我只是觉得他们会认为我没有他们优秀。”李老师笑了笑，说道：“我知道你，你是以全市第一的成绩被咱们学校录取的，而咱们学校本身就是市重点学校，你能够考出这样的成绩，可见是一个聪明、勤奋的人，你本身就是一个很优秀的男孩子。”李滨心想，是这样吗？李老师继续说道：“而且我相信你也喜欢踢球，毕竟没有男孩子不喜欢踢球。”李滨说道：“是的，我也喜欢踢球。”李老师接着说：“踢球只是一项运动，至于你踢得好不好，能不能进球，你觉得很重要吗？体育可以锻炼身体，锻炼团队协作能力，这样就够了。”李老师还告诉他，你与其在这里纠结，不如加入他们，你会发现也许在你这里大过天的事情，在他们那里根本就不值一提呢。

在李老师的鼓励下，李滨与同学们一起踢起了足球，渐渐地，他发现他们并没有什么特殊光环，也只是与自己一样的学生，而他们对自己纠结的问题也从来没有在意过，这一切不过是自己在庸人自扰罢了。

案例中的李滨同学就是太在意别人的看法了，他被困在了别人的看法里。经过李老师的开导，他发现自己可以从困住自己的迷宫中走出来，从而完成了对自我的认知，肯定了自己的优秀，也知道了有时候不必太在意他人的看法，只要自己坚定目标，那么也会有精彩的人生。

生活中，与李滨一样被他人的看法困扰的男孩有很多，他们有的并不能恰好就遇到像李老师这样的心理老师，他们被他人的看法束缚着，小心翼翼地与别人相处，小心翼翼地按照别人的观点生活着，久而久之，便失去了自我。

我们为了帮助更多被他人的看法所束缚的男生，总结了一些小建议，希望对他们有帮助。

1. 停止与别人比较。

我们总是会不由自主地与他人比较，比较来比较去，反而让自己变得自卑起来，被他人的看法束缚住。所以，我们要专注于自己的成长和发展，停止与他人继续比较。

2. 坚定自己的信仰。

坚定自己的信仰后，你会获得一种精神力量，而这种力量可以支撑你，让你从束缚中挣脱出来。

3. 建立自己的社交圈。

建立自己的社交圈，你可以结交更多与你三观一致的朋友，你会在他们那里得到支持与鼓励，这可以帮助你不被他人的看法束缚。

总之，希望大家不要被别人影响，要正确地认识自己，悦纳自己的所有，无论是优点还是缺点，并坚持自己的观点，做独一无二的自己，过属于自己的人生。

## 爸爸妈妈有话说：

儿子，你有些太过于在乎别人的看法了，你在乎我和你爸爸的看法，在乎学校老师和同学的看法，甚至连小区门卫大叔的看法都要在乎，这样，你会活得很累。爸爸妈妈希望你可以摆脱他人的看法和束缚，学会在适当的时候拒绝，做一个不盲从、不迎合他人看法的人。愿我们的儿子可以肆意成长，成就最好的自己。

# 第六课

# 自律才能成就卓越

自律的男孩更容易获得成功。自律让男孩做事的时候更专注，更投入。当面对外界诱惑和干扰的时候，自律的男孩可以坚守初心、奋战到底，所以男孩需要从小培养自律的能力。本章从自律在男孩成长过程中发挥的几个作用出发，告诉同学们自律对于成长的重要性。

## 克服依赖心理

“恃人不如自恃也”，这是《韩非子·外储说右下》中的一句话，意思是靠别人不如靠自己。现在大部分家庭都只有一个孩子，这些独生子女从小在爸爸妈妈及爷爷奶奶的百般呵护和照顾下长大，都过着衣来伸手饭来张口的日子。家长为了让孩子少走弯路，在很多时候都会替孩子去想可能出现的问题，及早帮他们规避风险或困难。当孩子遇到挫折或困难时，家长会第一时间帮助孩子解决，替孩子承担下所有的责任。生活中，我们经常看到孩子想帮父母分担一些家务，而父母由于怕孩子累，怕孩子做不好而不让孩子做，自己承担下所有的一切。这样，就慢慢让孩子形成了依赖家长的习惯。

当然，人处在社会中就会与人接触，很多事情自己不能完全解决，或当自己遇到不可解决的问题时，可以寻求帮助，但不能完全依赖他人，不能将整件事全部交给他人，自己坐视不管。因为人一旦在为人处世时形成依赖的习惯，就会失去自己做事的勇气，以后只要一遇到事情就觉得自己完不成，自己不行，赶紧找人帮忙。长此以往，在不知不觉中形成的依赖心理会让你变懒变笨，让你失去承担责任的信心和担当，让自己变成一个永远长不大的孩子。

小林是高二年级的学生，他每天早早起床后便开始背单词和古诗，每天晚上学到很晚才睡觉。他勤奋努力，学习成绩优异，父母老师都很喜欢他。

小林之所以这样勤奋努力地学习，是因为他有一个理想，他将来想做一名出色的飞行员。

小林的爸爸妈妈都是医生，他们希望儿子以后考医学院，将来也当医生，这样，他们就能帮儿子介绍工作了。

但小林不想依赖父母，他想凭借自己的努力来实现自己的理想，他想做自己喜欢做的事。

父母和小林谈了好几次，希望他能改变想法去学医，他们劝说小林，如果学医，今后在工作中不管遇到什么问题，都可以帮他解决，或者说大家可以一起商量解决。但小林坚持自己的想法，他对父母说：“我的未来我说了算，我想当飞行员，每天翱翔在蓝天白云之间，我自己的事情我自己能解决。”小林坚持自己的想法，坚持独立，坚持不依赖父母，让自己的未来掌握在自己的手中。最后，父母选择尊重小林，放手让小林追逐自己的梦想。

小林面对父母为自己铺设的“阳光大道”毫不动摇，他不想依靠父母过今后的生活，这是一种自立的行为，他要靠自己的努力去过想要的生活，这是小林通往成功的必备条件之一。靠天靠地靠别人，都不如靠自己。因为世界上没有一个人能让我们一直依靠下去，包括父母。

一个人要想成功，就必须强迫自己远离依赖，克服依赖，当我们离开父母为我们建造的温室时，也能从容淡定地应对一切，成为一个自立、自主、自强的人。只有凭借自己的能力一直走下去，才能走出一条属于自己的独一无二的阳光大道。

不论何时何地我们都不要太依赖一个人，因为依赖他人，就会对他人有所期望，有所期望就可能会出现失望。当我们学会自己独立行走时，内心会更坦然。

我们如何才能学会独立，不依赖他人呢？

1. 培养自信。我们可以通过阅读书籍、到各地旅游、广交好友等方式来增加自己的知识储备量和经验，并不断鼓励自己多思考、多实践。

2. 经常自省。经常思考自己的行为和决策是否合理，有没有存在缺陷，进而及时调整自己的思路和行为。我们可以在不断学习中完善自己，提高自己的综合实力，摆脱依赖他人的心理。

3. 刻意锻炼自己解决问题的能力。认真分析问题出在哪里，然后制订解决方案，在执行的过程中不断完善，在总结经验中不断提高自己的能力，自己的能力越强，依赖别人的可能性就越小。

儿子，当你遇到困难的时候，爸爸妈妈非常想在第一时间出手帮你解决，但当时，我们忍住了，我们希望你能自己想办法解决问题，同时我们也相信我们的儿子有能力解决那些问题。不是爸爸妈妈要看你的笑话，而是我们希望你养成独立解决问题的习惯，避免养成对他人依赖的心理。希望你能理解我们的良苦用心。

## 合理安排上网时间

现在的孩子生活在信息时代，他们生活在互联网的世界里，可以随时利用手机、电脑、平板等上网，他们接触到了更广阔的世界，可以通过网络查找资料、学习知识，同时也面临着游戏、短视频等的诱惑，如果孩子自制力不够，他们就很容易沉迷网络。

沉迷网络害处多，尤其是对青少年来说，它首先伤害的是视力，轻则让孩子患上近视，重则会让人直接失明。网上这样的报道很多，有的孩子由于长时间盯着屏幕，有一天忽然就看不到了，送到医院经医生诊断为失明。其次，它影响的是青少年的生活和学习。有的学生由于沉迷网络而忘记写作业；有的学生熬夜玩游戏，第二天精力不济，无法全神贯注地听老师讲课，从而影响到正常的生活和学习。

当父母发现孩子沉迷网络时，一定要及时介入，将孩子从网络的世界拉出来，不然后果将难以想象。

李纲的妈妈发现，李纲这个平日里十分活跃的孩子，最近忽然间安静了很多，也不去找小区的孩子们一起玩了，每天把自己关在房间里，不知道在捣鼓啥。

李纲的妈妈十分好奇，于是趁儿子去吃饭的工夫，打开了儿子常看的平板。根据观看记录，妈妈发现儿子在看一个有些血腥的小动画，已经看了400多集，她明白了儿子安静的原因。她知道，长此以往，不但会影响儿子的视力，也会使得儿子受到不良影响。

李纲的妈妈想到这里，于是毫不犹豫地删除了这个APP，过后，李纲与她闹腾了很久，她还是狠下心，没有让步。

案例中的李纲同学就是因为沉迷网络，在被妈妈发现后，被制止了。孩子沉迷网络，妈妈出手制止是没问题的，但在方式方法上，妈妈的做法是粗暴的，这样的做法非但无法帮助孩子戒掉网瘾，反而可能会起到相反的效果。

我们认为，首先，家长要以身作则，试想如果家长也沉迷手机，无论是做饭、吃饭、上卫生间、睡觉，手机都不离手的话，那孩子有样学样，他们也难以放下手机。如果家长能够放下手机，拿起书本来阅读，为孩子营造一个读书的环境，相信孩子也会爱上阅读。

其次，家长可以给孩子培养一门兴趣爱好，让他转移注意力。相信孩子喜欢上网，肯定是因为学习之外还有空余时间，家长可以根据自己孩子的兴趣，带他去参加相关的活动，那他自然就不会再沉迷网络了。

最后，家长也不要一刀切，认为上网全是坏处，家长可以选取一些有教育意义的纪录片，或是教孩子上网学习，将网络资源利用好，才是正确的处理方法。家长可以为孩子制定规则，规定孩子的上网时间，比如以半个小时为限，时间一到，便要孩子马上放下手机，如果他不能放下手机，那么就要有相应的惩罚。

我们整理了几点实用的方法，希望家长可以告诉自己的孩子。

1. 在使用电脑或手机时，尽量调低亮度。

2. 下载护眼软件。

3. 上网中途可以眺望一下远方。

4. 遵守父母跟你约定的上网时间。

5. 不浏览不健康网站。

6. 学会利用网络资源来学习。

总之，父母要引导孩子正确上网，与孩子多沟通，告诉他们沉迷网络的危害，帮助他们合理安排上网的时间，让孩子学会甄别网络信息，并合理利用网络。

**爸爸妈妈有话说：**

儿子，你出生在被互联网包围的世界里，如果我们不让你接触网络，那显然不现实。爸爸妈妈跟你说过很多网络的危害，希望你要当一回事。你可以上网，但是每次不可以超过 40 分钟，不然就要接受惩罚，3 天不可以上网。儿子，我们希望有一天，你可以自己合理安排上网时间，而不是需要我们制定规则来约束你，希望你能养成良好的上网习惯。

## 拖延害处大

孩子拖延，是非常让人头疼和担心的一件事。拖延不是一个好习惯，如果不加以改正，将有很大的危害。首先，表现在学习上，就是会降低学习效率，如果孩子在学习上能拖就拖，会浪费许多时间，同时也使得学习效率不高，以至于孩子的学习效果大打折扣，从而影响到学习成绩。其次，表现在自信心上，孩子一直做这一件事，翻来覆去地纠缠在这件事上，时间长了，孩子的自尊心会受挫，进而影响到孩子的自信心。

李岩的妈妈正在陪他写作业。她看过老师布置的作业，按照正常状况，李岩可以在1个小时内完成。可是这孩子在短短30分钟内，已经喝了3次水，吃了2次水果，跑了2趟卫生间，而且现在还在玩橡皮。再看看他的作业本，才刚写了一行字。妈妈很生气，不由得对着他喊起来："李岩，你看看，都多长时间了，你现在才写了几个字？"

李岩笑嘻嘻地说道："我渴了要喝水，我还要补充维生素，我总不能不上卫生间吧。"

李岩妈妈听他振振有词地辩解，说道："那你现在在干嘛呢？你在玩橡皮，你让我坐在这里陪着你写作业，你浪费了我多少时间？那你慢慢磨蹭，我走了。"

李岩妈妈生气地走开了，她怕自己再不离开，会不由得想要揍他。过了半个小时，李岩妈妈悄悄从门缝里看李岩，只见他正在拿着电话手表与同学聊天。李岩妈妈当时就控制不住了，说什么都要进去揍李岩。可是她被李岩爸爸给拉住了，爸爸说道："你现在进去揍他一顿，他哭上一通，就更有理由不写作业了。"李岩妈妈说："那你有什么办法？"李岩爸爸想了想说道："他现在越来越拖沓，每天完成作业都半夜了，这样下去身体都吃不消，第二天还有精力听课吗？"

于是，李岩爸爸进去对李岩说："李岩，我现在给你两个小时的时间。你今天的这些作业，按照正常情况，在1个小时内可以完成，我现在多给你1个小时的时间，到时候如果完不成也不用写了，马上关灯睡觉。”李岩说：“可是如果完不成作业，明天会被老师罚的。”李岩爸爸说道：“那是你的事情。”说完，他就出去了。

李岩看着爸爸这么坚决，知道他一定会说到做到，而且他也不想第二天被老师惩罚，被同学嘲笑，于是赶紧写起了作业，最后写完作业比爸爸规定的时间还提前了半个小时。

案例中的李岩就是个磨蹭的小男孩，在妈妈无计可施时，爸爸坚定地为他规定了完成作业的时限，使他有了紧迫感，调动了他的积极性，然后他就完成了。可见规定时限是一种改正拖延坏习惯的好方法。

除此之外，父母还可以帮助孩子区分好事情的优先级，让他们按照非常紧急、紧急、不太紧急、不紧急的顺序来做事情。这有助于帮助孩子区分事情的轻重缓急，引导他们管理好自己的时间。

此外，父母不要将时间安排得太满，父母在安排时间时，还应该留出一些时间，让孩子去自由支配，让他们去做感兴趣的事情。那么，孩子在完成作业时也会更加集中注意力，而不是为了敷衍去完成作业。

总之，家长要重视拖延的危害，当你发现自家孩子有拖延的毛病时，要及时介入，帮助孩子改掉拖延的毛病，养成不拖延的好习惯。

**爸爸妈妈有话说：**

儿子，虽说你做事情有些慢，但是这不是拖沓，爸爸妈妈不会因为这一点而否定你，也不会因此而认为你有拖延症。爸爸妈妈希望你具有管理时间的能力，你可以慢一些，但是一定要合理分配好自己的时间，合理安排好自己的学习和生活。

## 保持专注力

家有男孩的父母，有时候会感到很疑惑，因为自家儿子每天都活力满满、精力旺盛，玩手机游戏和做运动时十分有活力，但是只要一到写作业，整个人就蔫儿了。父母打也打了，骂也骂了，但是都没效果。

这些都不是个例，有很多男孩就是爱动，即使是在课堂上，他也忍不住抬抬桌子，弄弄凳子，玩玩桌上的铅笔、橡皮、尺子，甚至还要碰一下前后左右的同学，与他们打闹一番。当他们被老师发现批评后，虽然不玩这个了，但却玩起其他东西，始终不能专注地听课。

其实，男孩的天性就是活泼好动、喜欢玩闹、好奇心重，而这些也导致男孩不能安静下来，不能够专注到学习当中去。面对这样的状况，有些家长会给孩子报个书法班或是绘画班；有些家长则会责骂孩子；还有些家长觉得烦，会丢给孩子一本书，渐渐地，家长会发现这样的方法似乎不太有用，因为孩子依旧跳脱，依旧在学习上无法专注。

李轩今年12岁了，是个非常调皮的孩子，一会儿也安静不下来。他对什么都热情满满，但是一到学习就总是开小差。

最近，李轩的妈妈接到了老师的投诉，说她家儿子在课堂上不停地动来动去，一会儿就把桌子凳子推到不知道哪里了。李轩的妈妈有些不好意思地说道："老师，真是抱歉，这个孩子太好动了，上回差点儿带他去吃镇静的药，最后还是他奶奶拦住了我。"

老师说："李轩这孩子领悟力挺高的，我讲课的内容他很快就能学会，但就是专注力不够，甚至坚持不了10分钟，时时都安静不下来。"李轩的妈妈连连说："是的，是的。我也真的很发愁。"她停顿了一下，又说道："前几天就是因为这个事情，我揍了他一顿，然后他就跑出去了。我找了一中午，最后发现他在废弃的工地上玩，把我给气死了。老师，你说我打也打了，骂也骂了，我都不知道该怎么办了。"

老师说："无论怎么说，打骂孩子还是不行的，在他不专注的时候，家长首先要做的不是打骂孩子，而是要控制一下自己的脾气，然后看看有没有什么行之有效的方法，来帮助孩子保持专注力。"

李轩的妈妈听了后，不由得思考起来：是啊！到底有什么方法，可以提高孩子的专注力呢？

案例中的李轩就是个专注力不够的孩子，他主要表现在上课注意力不集中、小动作多、情绪容易急躁，做作业总是走神等，他的这些问题可愁坏了父母。很多面对类似问题的父母，相信都与李轩的妈妈一样，困于不知道该怎么让孩子保持专注力的问题上。

我们总结了几点实用的小建议，父母可以试试有没有效果。

1. 父母首先学会不打扰孩子。

有一大部分家长，总是打着“爱”的幌子，来破坏孩子的专注力。当孩子正在写作业的时候，家长一会儿端进来一杯牛奶，一会儿端进来一盘水果，一会儿问孩子一个问题，一会儿看到作业错了马上指出来。试问，家长总是这个样子，孩子怎么专注得起来？但很多家长却没有意识到这其实是不对的。在锻炼孩子专注力的时候，家长首先要做的就是保持安静，不要打断正在专注写作业的孩子。

2. 让孩子去做自己感兴趣的事情。

相信孩子遇到自己感兴趣的事情时，他的专注力会更高。孩子如果喜欢听名人故事，那就让他多听名人故事；

如果喜欢阅读，那就让他多阅读，相信在喜欢的事情上，他们的专注力可以保持得更长一些。

3. 布置任务时要更具体一些。

孩子的专注力并不是无限的，因此，父母在训练他们的专注力时，应该将学习任务分成几个部分，让孩子挨个去完成。每当孩子完成一个任务，他就会觉得自己完成了一个目标，他会更加有信心，在完成下一个任务的时候，也会有更高的专注力。

4. 家长应该陪孩子一起去探索。

男孩好奇心重，对未知的领域极有探索欲，家长可以试着陪孩子一起探索，这不仅获得了亲子共处的时光，也能够消耗孩子过多的精力，让孩子在学习时，可以更加快速地专注起来。

总之，如果自家孩子的专注力不够，家长应该早早警惕起来，通过一些方法，帮助孩子提高专注力，这样，学习效果会更好。

## 爸爸妈妈有话说：

儿子，你精力旺盛，活泼好动，这是好事，可是，你又无法安静地坐在那里学习，这是缺乏专注力的表现。显然，这会影响到你的学习，甚至是你未来的人生。爸爸妈妈建议你，可以试着多运动一下，一方面可以锻炼身体，一方面可以消耗过多的精力，这样，你才可以平复心情，让自己在学习的时候保持专注。

## 不要乱花钱

现在的孩子都是父母掌心里的宝，父母对孩子，可说是要什么给什么，不要什么也会提前准备好。尤其是每到节日，孩子会收到很多红包。因此，很多孩子的零花钱很充裕，而这些零花钱可以帮助他们买到大部分他们想买的东西。但是有些东西不是必需的，有些甚至纯粹是浪费金钱。

孩子在花钱上没有节制、大手大脚，很多家长并不觉得这有问题，他们觉得爱孩子就是满足他的一切需求，让他生活在充裕的物质条件当中。显然，父母的这种思想在潜移默化中影响了孩子，孩子也养成了随意乱花钱的习惯。

孩子乱花钱的习惯不好，即使家庭条件再好，也不能让孩子养成乱花钱的习惯。其实很多成功人士在养育男孩时，都会教育孩子不乱花钱，有的甚至还会让孩子自己赚学费。所以说，父母不要让男孩养成花钱大手大脚的习惯。

王辉是一名初中生，他在爷爷奶奶的溺爱下长大，即使是生于普通家庭，也从来没有缺过什么。他看中什么，就一定要得到什么，如果家长不同意，他就哭闹。从小到大，这一招屡试不爽。

王辉小时候，有一次随妈妈去朋友家做客，他看中了朋友家孩子的一把玩具手枪，然后就一定要带回家，妈妈十分不好意思地说："那是哥哥的，你不能带回家。"王辉哭闹着说："不，我一定要带回家，立刻，马上，必须要带回家！"朋友见他哭得厉害，便说："要不让孩子带回去玩几天吧。"王辉的妈妈十分尴尬，那把玩具手枪一看就不便宜，如果玩坏了或者是丢了，她得赔好多钱。但是面对眼前这个哭闹的儿子，最后她妥协了，将这把玩具手枪借回了家。果然，当天晚上，这把玩具手枪就被王辉玩坏了，王辉妈妈跑了市里好几家店，最后才在一家商场看到了一模一样的玩具手枪，一看价格是900多，妈妈最后狠下心，还是买了，赔给了朋友的儿子。

这样的事情还有很多，王辉也慢慢养成了乱花钱的习惯，不管价格是多少，只要他看上了，他都会买回来，如果他自己的钱不够，就让爸爸妈妈、爷爷奶奶给他买。妈妈很头疼，曾经一度想要纠正一下他这个花钱大手大脚的毛病，但计划每次都被溺爱孩子的爷爷奶奶给打断了。

初中刚开学几天，王辉就回来哭闹，说同学们都穿一种品牌的运动鞋，他也要买一样的。妈妈十分生气地说："开学前刚给你添置了衣物，你先穿着，这段时间经济不景气，你爸爸刚刚失业了，我们得量入为出。""我不听，我不听，如果不给我买，我就不去学校了。"王辉还继续撒泼。

忽然间，王辉的妈妈生出了一种无力感，她不知道该怎样让孩子懂得赚钱的不易，学会不乱花钱。

案例中的王辉是个被宠坏的小孩，从小总是要什么就有什么，不能得到就无理取闹，这样真的不好。相信有很多父母也面临着同样的问题，他们的小孩大多是小时候被宠坏了，随着小孩长大，花钱越来越多，父母快要负担不起了，才意识到自己曾经无节制地给孩子花钱的行为是错的。此时，家长想要改善这种状况，首先就要以身作则，先树立节约的榜样，为孩子做好表率。

我们为帮助孩子正确花钱、用钱，总结了以下几点建议：

1. 对孩子的零花钱稍加控制。

孩子可以有零花钱，但是无论你多么富有，都应该控制孩子的零花钱。你应该耐心地引导孩子正确使用这些零花钱，教会他们将这些零花钱分成几部分，合理分配每一部分的用途，让孩子养成正确使用零花钱的习惯。

2. 让孩子了解这些钱的来源。

父母可以带孩子去上班，让孩子了解一下你的工作，让他们明白赚钱的辛苦。

3. 教育孩子不要与人攀比。

父母要告诉孩子，在他们的学习阶段，最重要的是学习，而不是与同学比吃什么、穿什么、用什么。

4. 让孩子体验一下赚钱的不易。

父母可以让孩子帮忙做洗碗、拖地、浇花这样的事情，然后让他们以此换取不同的金额；也可以让他们去公园摆摊卖玩具，让他们体会一下赚钱的不易。相信他们一定会有所收获，并且改掉乱花钱的毛病。

总之，父母不要让男孩养成大手大脚的花钱习惯，要培养男孩正确的消费观，让他们远离冲动消费、攀比消费、盲目消费等，学会科学地使用金钱。

儿子，爸爸妈妈知道你有很多零花钱，你每年的压岁钱也是自己收着的。我们不希望你养成乱花钱的习惯，而是希望你学会管理你的钱财，合理消费，知道储蓄的意义以及赚钱的意义。

## 提升自我控制能力

自控力是一种自我控制的能力。一个人要想成功，就必须拥有自控力。如果我们拥有了自控力，就不仅能很好地控制自己的欲望，还能把控自己的时间，同时也能很好地控制自己的情绪。拥有自控力的人不易被纷繁复杂的事情所牵绊，更能专注地做自己的事情。这样的人更容易获得成功。

王云正在读初中，她从小在爸爸妈妈的严格教育下，养成了良好的生活习惯和学习习惯。看书学习已经成为王云每天必须做的事情，即使是周末或者寒暑假，她也能按照自己的计划学习。即使此时楼下的小伙伴已经玩得热火朝天，王云也能克制自己想要玩的欲望，安心在家里做自己的作业，直到完成既定任务才下楼玩耍。

有一次，王云的一位同学家新开了游乐场，这位同学就邀请与他要好的朋友去玩，王云也在被邀请的行列。她非常高兴，毕竟，哪个孩子不喜欢去游乐场玩呢？但是，因为前一天晚上王云帮妈妈照顾弟弟，没能按计划完成自己的学习任务，所以第二天，王云并没有马上去同学家的游乐场，而是抓紧时间完成了前一天欠下的学习任务才去。正是因为王云拥有超强的自控力，她才能一直按照计划完成自己定下的目标。在这样的自控力下，王云的学习成绩在班里一直都名列前茅。王云不但学习成绩好，而且因为她经常看书，所以她的知识面也特别广。她会为自己制订读书计划，坚持阅读。虽然还在读小学，但她已经阅读了许多世界名著，这对她阅读能力和写作能力的提升起到了非常重要的作用。

王云超强的自控能力，让她取得了非常好的学习效果，老师非常喜欢这个做事有始有终、不达目的不罢休的小女孩，认为这样有自制力的孩子，长大后一定前途无量。

拥有自制力的人，懂得克制自己的欲望，控制自己的情绪，这让他们在遇到事情的时候能够冷静面对，能按照自己的想法处理问题。同时，他们也很有主见，不会轻易被别人的思想所左右，能够按照自己的想法完成自己的既定目标。

人的自控力是在生活中慢慢培养出来的，没有人能够一蹴而就地培养出很强的自控力。对男孩，从小就要培养他的自控能力，让他学会控制脾气，控制欲望。

为了锻炼我们的自控力，可以尝试做一些对自己来说比较困难的事情。人都会本能地选择做简单的事情，为了锻炼自己，我们可以试着去做一些困难的事情。在这样的过程中，我们的自控力会慢慢形成。当以后再遇到一些更困难的事情的时候，我们也能坦然面对，以乐观的心态去做这些事。

我们还可以通过分散注意力的方式来锻炼我们的自控能力。很多时候，我们会因为别人的话或行为而感到生气，但发脾气不是本事，能够控制住自己的脾气才算本事。控制自己的脾气本身也是自控力的一个重要方面。当别人说了让我们生气的话或做了让我们生气的行为的时候，不要急着与他发脾气，而是要通过分散注意力的方式控制自己的脾气。因为很多事情，你只有控制住了自己的脾气才更容易取得成功。发脾气一时爽，但后面付出的代价很可能是沉重的，对于我们而言，如果因为发一通脾气而失去了一次绝佳的机会，那是得不偿失的。忍人所不能忍，是很多成功人士成功的秘诀。听音乐、跑步、打球都是我们转移自己注意力的好方法。

男孩子有时会比女孩更易冲动，所以培养他们优秀的自控能力，能给他们日后的发展带来非常有益的帮助。可以在平时的生活中培养孩子的自控能力，让他无论是在生活中还是在学习上，都对目标锲而不舍，对事情冷静对待，不轻言放弃，不冲动无脑，那孩子离成功也就不远了。

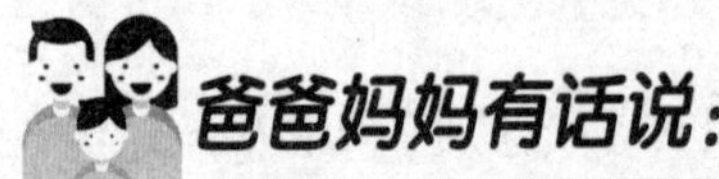


儿子，我们想要成就事业，就要先学会控制自己，也就是我们常说的培养自控力。只有我们的自控力足够强大，才能在面对诱惑和遇到困难的时候坚持自己的理想和信念。只有持续不断地为实现自己的理想和信念而努力，才能真正成就你的事业。

# 第七课

## 学会独立

男孩慢慢地长大，需要慢慢学会独立。独立是他们以后在社会上立足所需的基本能力。学会独立，需要孩子在精神上和具体事务上都做出努力。首先，孩子需要树立自己的事情自己做的信念；然后，孩子应学习生活中各种具体的事务，比如，学会自己做饭、自己回家、学会规划自己的时间等。当然，这些事情孩子不可能马上就学会，这是一个循序渐进的过程，需要孩子慢慢学习和适应。

## 自己的事情自己做

家有男孩，父母总是希望自己的孩子可以成长为一株参天大树，可以持身立正，可以保护家庭，成为一个顶天立地的男子汉。然而现实是，父母一边“望子成龙”，一边又舍不得放开手中的那根绳，一直打着为孩子好的旗号，帮助他们做这做那，为他们决定和准备好一切。试问，这样培养出来的男孩会是什么样子的呢？

父母想要培养出一个真正的男子汉，那就先从放手开始吧，放手让他们自己的事情自己做，让他们从按时起床、自己穿衣服、自己刷牙洗脸、自己叠被子、自己吃饭开始吧。男孩可以在这些日常小事中锻炼自己的独立性，磨炼身心，健全心智。

放暑假了，周海的爸爸妈妈决定带周海去北京旅游，看看天安门和故宫。爸爸妈妈的这个决定让周海很兴奋，他不停地向父母求证：“妈妈，我们是不是真的要去北京旅游了？我们真的可以去看看课本上的天安门和故宫吗？”

周海的妈妈很肯定地告诉他：“没错，我们打算带你出门，但是现在还没有订车票和酒店，我们希望你做一份旅行计划出来，将我们的行程安排好。”

周海依旧很兴奋，他甚至没有听明白妈妈的要求就答应了下来。过后，他才发现这个问题有些难，他对什么都两眼一抹黑，不知道从哪里入手。于是，周海悄悄去请教了爸爸。在爸爸的帮助下，周海提前订好了火车票和酒店，而且还查了旅游攻略，确定了下车后乘坐哪路地铁最近，还查询了他们到达那天的天气，以及景区的门票，甚至还查询了附近的美食小吃。这些信息周海都提前写在了小本子上。

他兴冲冲地拿去给妈妈看，妈妈表扬了他，但私下又抱怨周海爸爸帮他作弊，爸爸却笑笑说：“你培养他的独立性，这没错，但是他从来没出过门，他来向我求助，如果我一直坚持自己的事情自己做，那请问这件事最终的结果是什么呢？”周海的爸爸停顿了一下说道：“他可能会被打击，直接放弃了这件事，那这个旅游计划他是不是就完不成了？但现在有了我的指导，孩子是不是将事情安排好了？他是不是也学到了一个出门的经验？”

妈妈想了想，觉得爸爸说得对，于是也没有就此事再说什么。在之后的几天时间里，妈妈给了周海一个背包，让他自己收拾自己需要携带的衣物，而周海也很好地完成了。

等到真的到了北京，周海的父母也是让周海自己拿着自己的小行李箱，并且按照周海的旅行计划来行动。虽然其中偶尔会有些小问题，比如酒店订得不够舒服、走了岔路之类的事情，父母也不生气，不抱怨，而是让周海自己学着去修正自己的旅行计划。

最终，这次旅行圆满结束了，周海也收获了很多，他学会了自己的事情自己做，学会了独立，也了解了旅行中的各项事宜。

其实，父母在培养孩子的独立性方面不能想着一蹴而就。有的父母担心孩子做不好，或者是做得不完美，担心孩子做得达不到自己的预期，说是要放手让他们自己的事情自己做，但是现实中却并没有放手，而是暴躁地自己上手了；还有的父母在告诉孩子自己的事情自己做以后，无视孩子的能力问题，选择直接冷漠旁观，最终的结果就是孩子没有完成任务，父母又充满了抱怨，孩子变得更加畏缩了。

周海的父母就做得很好，周海的爸爸在孩子向他求助时，给予了指导，让孩子完成了他从来没有做过的事情；妈妈又将收拾行李、坐车之类的小事情完全交托给了孩子，即使他做得不够好，妈妈也没有生气和抱怨，而是让孩子自己去改正自己的错误。相信像周海的父母这样的爸爸妈妈一定可以培养出独立性很强的孩子，而孩子也会如他们所愿成长为男子汉。

父母要学会正确地培养孩子的独立性，培养他们自己的事情自己做的能力。我们建议：

1. 如果孩子需要帮助，父母不要冷眼旁观。

如果孩子向家长求助，家长不要冷眼旁观，因为这样的态度，孩子会觉得你不重视他，他会感到失望，并失去信心。家长应该在孩子能力不足时，从旁指导，慢慢地锻炼他，这才是正确的处理之道。

2. 如果孩子遇到困难，父母要多多鼓励孩子。

当孩子遇到了困难时，父母首先要做的不是生气和抱怨，而是积极地鼓励他们，让他们想办法去解决，这样可以锻炼男孩独立处理事情的能力。

总之，培养一个男孩的独立性，父母要有正确的方法，不要采用一刀切的方式，也不要不忍心，可以从日常小事做起，培养他们自己处理事情的习惯。

**爸爸妈妈有话说：**

儿子，你的到来，我们全家都很开心。现在，你在渐渐长大，爸爸妈妈也希望你可以摒弃一些不好的习惯，不要什么都让家里的大人代劳，你要学着自己的事情自己做。比如，可以自己洗洗自己的衣服，可以帮助爸爸妈妈做一些家务，可以帮助爷爷奶奶浇花，还可以独立完成自己的作业等。爸爸妈妈希望你成长为一个有担当的小男子汉。

## 规划好自己的时间

英国著名博物学家赫胥黎曾经说过："时间是最不偏私的，它给予每个人每天都是24小时；时间也是最偏私的，他给予每个人每天的都不是24小时。"这句话告诉我们，每个人每天都拥有24个小时，如果懂得珍惜时间，能够合理安排自己的作息时间，就会感到时间充足，除了能够做自己必须要做的事，还能做自己想做的事。面对每天的24个小时，你是合理规划，还是想到什么就做什么呢？但凡在历史上有成就的人，每天都会合理规划自己的作息时间，他们会在特定的时间做特定的事。而有的人从不规划自己的时间，做事总是"眉毛胡子一把抓"，想到什么事情就做什么事情，每天的生活都一团糟，总是感觉自己的时间不够用。

王强今年14岁，正在读初中。小学时，每天只有语、数、英三门课程，王强还能应付。上了初中后，科目一下增至七八门，王强每天都要面对繁重的学习任务，每天回到家后，除了吃饭就是写作业，根本没有时间做别的，更别说发展自己的兴趣爱好了。而他的同班同学周浩则每天轻轻松松地来上学，他喜欢打篮球，操场上会经常看到他的身影。更为关键的是，周浩并没有因为打篮球影响自己的学业，他的成绩非常好，一直都在班里排前几名。这让同学们对他又羡慕又好奇，纷纷向他请教是如何做到打球学习两不误的。

面对同学们的询问，周浩很坦诚地告诉大家，他每天都会合理安排自己的作息时间，早晨六点会准时起床，洗漱完毕后开始背单词、背课文、记各科目的定理公式，总之老师要求背诵的东西他都会在早晨将它们背会。来到学校后，他会利用课间休息和中午休息的时间写一部分作业。下午放学后，他会打一会儿篮球，放松一下自己的身心，恢复自己的精力。晚饭后，他会将剩余的作业写完。每天他都是这样安排自己的时间，已经形成了习惯，到了什么时间需要干什么事，他做起来都从容不迫，不慌不忙，每天的时间尽在他自己的掌控之中。

听完周浩的介绍，大家都非常佩服周浩的时间管理能力。

周浩的例子告诉我们，一个优秀的男孩总是能合理地安排自己的时间。优秀的男孩要有一份适合自己的时间规划表，然后每天按照规划好的时间安排自己的学习和生活，如此一来，生活和学习就不会像一团乱麻，顾了这头，顾不了那头。

反观王强，他的时间为何就不够用呢？这是因为他做事没有规划，想起什么事做什么事，有时候会在一件事上浪费很多时间，而收到的效果却非常差。比如，他读单词的时候发现不认识的单词就用手机去查，但是从爸爸妈妈手中拿到手机之后，会被手机里推送的消息所吸引，然后就会看这些信息，一条看完又看下一条，直到爸爸妈妈来找他要手机才会罢休。他的时间就在这些看消息的过程中一分一秒地流逝了。

看了王强的例子，我们可以知道，当一个人的时间在不知不觉中流逝的时候，这个人就再也没有多余的时间去做更多的事了。

那作为父母，我们应该如何教我们的孩子合理规划自己的时间呢？这里给大家以下几点建议：

首先，我们要告诉孩子将他规划的时间具体化，一定要将时间具体规划到某一时间点。比如计划上午写试卷，一定要精确到哪一科的试卷在几点到几点之间完成；比如数学试卷从7点写到8点，语文试卷从8点30分写到9点30分，英语试卷从10点写到11点。在这期间要严格按照以上的计划执行，可以适当休息，但不要去做其他事情，以免分心，影响学习的效率。不能在计划里只写上午写试卷，下午读课文、练字。这样的规划就是无效的时间规划，没有具体的时间点，很难合理有效地利用时间。

其次，就是在规划时间的时候，一定要告诉孩子根据事情的轻重缓急制定规划，重要的事情放前头，稍微重要的次之，可做可不做的事情放到最后。这样，我们就能保证首先完成重要的事情，然后再根据时间决定我们接下来要做什么，比如休息一下，看个电影，或出去跟同学打会儿球等，这样做既不耽误重要的事情，同时也给自己创造了做自己想做的事情的机会。

一个强大的男孩，一定要学会合理安排自己的时间，快速高效地完成自己需要做的事情，将自己的时间管理得游刃有余。

**爸爸妈妈有话说：**

儿子，你要学会时间管理，学会将规划的时间具体化和根据轻重缓急制定计划。要专注于重要事务，避免分心。只有学会有效地安排时间，才能提高学习和生活的效率，实现自己的梦想。所以，时间管理不仅仅是一种技能，更是一种态度和习惯。只有学会合理安排时间，才能使时间真正成为我们的朋友，帮助我们提升自己、实现梦想，让生活更加充实丰富。愿每个人都能珍惜时间，有效管理时间，活出精彩的人生。

## 学会做饭

男孩要学会做饭，因为做饭是一项生活技能，也是一种生活态度。现实生活中，很多男生受“君子远庖厨”等论调的影响，根本就没有想着去做饭，去研究烹饪，甚至认为做饭不是男子汉该做的事情，这其实是一种认知上的错误。男孩学会做饭，不但可以填饱肚子，还可以享受生活。比如苏东坡，当有人提起他时，你首先想到的是他的诗词呢？还是美味的“东坡肉”呢？瞧！他热爱写诗，也热爱美食，所以他的生活过得很精彩。

男孩要学会做饭。在很多男孩的生活中，他们安排有踢球、玩耍、学习、做作业等的时间，却没有将做饭安排进自己的生活里。因此，我们常常见到一些生活能力不足的男孩子，他们离开妈妈独自生活一段时间后，由于吃不到可口的饭菜而患上了胃病。

李林是个五年级的小男孩，由于爸爸妈妈工作繁忙，他从小与爷爷奶奶生活在一起，爷爷奶奶对他很是溺爱。老一辈的思想认为，男孩子是要干大事的，像是做饭这种小事不用亲自动手，所以，只要李林想吃什么，他的奶奶就一定会给他做好。

但是，最近奶奶生病住院了，爷爷去了医院照顾，而李林也被爸爸妈妈接回了家，但是妈妈真的太忙了，李林常常只能点外卖吃，或者泡方便面吃。终于有一天，李林因为胃疼而住了院。医生叔叔告诉他，这是由于饮食不规律造成的胃溃疡，再严重些，甚至会发展成胃穿孔。李林被吓到了，于是暗暗发誓，等出了院后一定要学会做饭。

其实，男孩子应该学会做饭，如果李林会做饭，他就会在爸爸妈妈忙于工作、爷爷奶奶在医院时，为自己烹饪可口的饭菜，哪怕只是煮个小米粥、南瓜粥之类的，他也不至于胃疼。同时，父母也要明白，你们不能陪孩子一辈子，生活中总是充满了各种突发状况，当你们因为这些突发状况，不能陪在孩子身边时，孩子要有解决生活基本问题的能力。所以，有远见的父母，一定要教会男孩这项生活技能，让他们无论走到哪里，都可以吃到可口的饭菜。

男孩学会做饭，不只是可以果腹，也可以培养孩子的综合能力。做饭的过程涉及各方面知识，做饭可以让孩子学习到很多知识，包括食材的选择和营养价值，火候的掌控，甚至估算这一餐饭的价格等。同时，做饭也会锻炼孩子的动手能力，如洗菜、择菜、切菜等，对于激活大脑也有助益。因此，一个会做饭的孩子，也有着出色的学习能力。

为培养孩子的生活技能，应该做到以下几点：

1. 妈妈要放心地将厨房交给孩子。

大部分妈妈都将厨房列为危险区域，认为那里有刀、火、电等危险因素，她们害怕他们受伤，不放心把孩子放在其中。殊不知，这样其实扼杀了孩子的探索欲与好奇心，孩子不但失去了学习生存技能的热情，也失去了从生活中汲取经验的途径。因此，虽说妈妈的初衷是为了孩子好，是为了让孩子远离危险，但是，这结果却有些不尽如人意。

2. 父母应该带着孩子从简单的事情做起。

生活中很多事情，如果你不做，那么你就永远都不会做。厨房里的事情繁琐而复杂，妈妈可以带着孩子从简单的事情做起，可以先教会男孩洗菜、择菜、将菜花掰开、剥蒜、揉面、搭配食材等。这些事情由于简单，所以孩子很容易就会完成，也会增加他们学习烹饪的自信心。

总之，学会做饭是一项十分重要的技能，它的意义远远不是表面上那么简单，它还会使人获得幸福感，获得对生活的掌控感，让孩子在做美食中体会生活的美好。

**爸爸妈妈有话说：**

儿子，爸爸妈妈希望你可以学会做饭，我们可以先认识厨房的各种电器，学会如何操作，然后从简单的饭食做起，比如下面条、煮粥、包饺子、蛋炒饭等，这些做起来都很简单，它们可以让你一个人在家的时候填饱肚子。如果你对烹饪还有兴趣，那么我们还可以买来各种菜谱，研究一下各种美食。等将来你独立生活时，有一手好厨艺会让你获益匪浅。做饭这件事本身也可以让你从繁重的工作任务中暂时解脱出来。

## 自己回家不迷路

家有男孩的父母，一方面想要锻炼孩子独自回家的能力，一方面又各种不放心，觉得路上交通密集，人流量车流量太大，孩子独自回家，人身安全都很难保证。因此，即使孩子已经五六年级了，即使父母忙得脚不沾地，仍会在放学的时间里准时出现，将孩子接回家。

父母应该有意识地锻炼孩子独自回家的能力。首先，在平常接送孩子时，应该告诉孩子，走路要走人行道，过马路时要看红绿灯，遇到大卡车要远离；其次，还要告诉孩子不跟陌生人走，不吃陌生人递来的食物或水，如遇陌生人让带路则让其去找交警；再次，告诉孩子不要在路上瞎逛，放学后应当快速回家；最后，还要告诉孩子一些地标性建筑，让孩子熟悉回家的路。

如果学校和家的距离很近，你可能会觉得孩子不会迷路，但还是要防止这种情况出现。曾经有这样一则新闻报道：一位爸爸为锻炼儿子独自回家的能力，放学后没有去接他，没想到，这孩子在一个岔路口，走了一条错误的道路，结果自己绕了好几个小时，都没有回到家。最后，还是一位交警看他转悠了好久，上前询问并帮他联系了家长，他这才回到了家。可见，即使要锻炼孩子，也不能立即就放手，而是有一个循序渐进的过程。

周熠今年 12 岁，已经是一名五年级的学生了，但是每天还是需要爸爸妈妈接送上下学。有一天，周熠爸爸觉得，男孩子应该独立，决定让他从独自回家开始。

于是，爸爸来到了儿子面前，说道：“儿子，你现在已经是个大小伙子了，爸爸觉得你应该锻炼自己独自上下学，你觉得呢？”周熠听了有些犹豫，说道：“我可以吗？”爸爸说道：“可以的啊，你是小小男子汉呢，这样吧，爸爸先带着你走上几遍，然后你再自己回家。”

接下来的几天，爸爸一边送儿子上学，一边告诉他回家路上会看到的一些标志性地方，比如拐弯处有一家中国移动网点，前方是广播电视台的电视塔，再前方是一个卖了20年凉皮的店铺……这一天，周熠对爸爸说：“爸爸，我觉得我可以自己上学了。明天，你就不用送我了。”爸爸说道：“是吗？我的儿子真棒！”随即，爸爸为儿子画了一张地图，背面写了自己的联系方式，郑重地交给了儿子，让他在应对突发状况时使用。

第二天，周熠自己出门上学了，但是爸爸也没有完全放手，而是远远地跟在后面，不过没有让儿子发现。如此，爸爸又跟了几天，发现儿子真的可以自己上下学了，这才彻底放手。

案例中的周熠能够独自上下学，与爸爸的付出是息息相关的。周熠的爸爸是一个好父亲，他要锻炼儿子的独立性时，没有马上放手，而是教给了儿子很多上下学路上的注意事项，确认他真正可以独自上学后，才彻底放手。我们当父母的应当向周熠的爸爸学习。

当然，也有很多粗心的父母认为，学校就在小区门口，孩子怎么也不会迷路的，但是有的孩子就是方向感不好，这就需要家长在平日里多多提醒孩子，让孩子分清左右，识别建筑标志，平日里需要买个酱油什么的，父母可以让孩子到楼下的超市去买，这样多走上几次，相信孩子就会积累独自出行的经验了。

为了孩子独自回家不迷路，父母应当做到以下几点：

1. 父母应当对孩子开展一些小的风险锻炼。

通常认为，当孩子到了 10 岁左右，有了一定的社会认知后，父母应当开始对孩子开展一些风险锻炼。比如，可以从让孩子去超市买瓶水，去楼下取快递，去同小区的亲戚朋友家串门之类的小事开始。

2. 父母应当耐心地带孩子熟悉回家的道路以及周围环境。

要锻炼孩子的独立性，父母不要立即放手，而应在相当长的一段时间里，多次带孩子走过回家的路，带孩子熟悉周围有哪些标志性建筑物，让孩子在这一次次的练习当中，熟悉家的周围的一切，才算是成功。

总之，男孩不可以一直在父母的保护之下成长，他们应当像雏鹰一样，即使有摔下悬崖的风险，也要尝试着去飞翔，这样将来才有遨游九天的机会。男孩要锻炼自己的独立性，就从锻炼自己回家不迷路开始吧！

**爸爸妈妈有话说：**

儿子，不知不觉间，你已经渐渐长大了，你是男孩子，你要成长为顶天立地的男子汉，那么就要锻炼自己上下学了。也许一开始你会有些彷徨和忐忑，但是没有关系，爸爸妈妈会告诉你，当你独自回家时怎样做才不会迷路，怎样做可以快速地回家。

## 家务劳动我参与

男孩也要参与家务劳动，“父母之爱子，则为之计深远”，父母不应该因为溺爱，或是因为一些老旧的观念，而不让孩子参与家务劳动，这样显然是不对的。

曾经有一个小男孩，学习方面十分突出，每次考试都是名列前茅，他妈妈为他安排好了一切，每天帮他准备好可口而有营养的饭菜、干净而整洁的衣服、精致而香甜的水果，等等。直到他考上国内顶尖大学，妈妈没有去陪读，他才发现自己掌握的生活技能真的太少了，没几天就把自己搞得一塌糊涂，最终不得不被学校劝退。

这个案例也引发了我们的思考：父母们在男孩的成长方面，尤其是在男孩的生活方面，是不是做得过多了？父母总是想要为孩子代劳一切，可是这真的是为了他们好吗？

李浩瀚是一位九年级的学生，他妈妈很为他感到自豪，因为他的成绩很好，在全年级能排到前几名，考个重点高中是不成问题的。

这天，李浩瀚的妈妈接到了班主任老师的电话，老师说:“李浩瀚妈妈，我觉得有件事还是有必要与你谈一谈。”李浩瀚的妈妈回答道：“嗯，老师，您说。”老师说：“今天学校组织全校大扫除，李浩瀚同学被安排与其他几位同学拖楼道的地，但李浩瀚同学的劳动能力太差了，难道孩子在家里从来不做家务吗？不可否认，李浩瀚同学的成绩非常优秀，老师们也非常喜欢他，但孩子需要的是全方位的发展，作为家长，需要提高他独立生活的能力，为他日后步入更高层次的院校学习打下基础。”

妈妈听了班主任老师的话，觉得老师说得有道理，孩子毕竟有自己独立生活的一天，家长不可能一辈子都跟着他，学习并不是生活的全部，应该让孩子做一些家务劳动来锻炼他，为他以后自己独立生活做准备。

通过这个案例，我们发现很多父母总是喜欢为孩子包办一切，以至于很多男孩根本就不参与家务劳动，甚至连自己的生活都料理不好，独立生活的能力极差。这部分男孩在思想上也很轻视家务劳动，表现在不懂得爱惜别人的劳动成果，也不尊重别人的劳动上。比如你刚刚拖完地，他想都不想就踏了上去，而这种不招人喜欢的行为，他们自己却没有察觉。

父母要注重培养男孩的劳动习惯，让男孩具备独立生活的能力。父母可以让男孩参与到家务劳动当中来，比如整理与收纳、家庭清洁、烹饪等日常生活劳动，都可以让孩子参加，让孩子在劳动中体会到家长的不易，让他们了解什么是家庭的责任与义务，为他们将来独立生活做准备。

同时，家务劳动也让孩子拥有了一种创造幸福生活的能力，让他们无论处于什么环境，都可以将生活过得很好。试想，一个干净整洁、桌上还有一顿还算可口饭菜的家，与一个堆满垃圾、到处都是泡面盒子与外卖盒子的家，哪一个的生活质量会高一些呢？

因此，父母应当有先见之明，让男孩也参与到家务劳动当中来。

1. 帮助孩子培养劳动习惯。

父母总是喜欢包揽一切，而这显然并不是一个好习惯，父母首先要做的就是改掉这个习惯。孩子自己的袜子、内裤之类的东西，可以让孩子自己动手洗，也可以让孩子每天自己叠被子，清洁自己的房间，等等，过了一段时间后，你会发现孩子可以完成得很好，而且他的劳动习惯也渐渐养成了。

2. 将一些公共家务劳动分给孩子。

一些家庭会定期大扫除，这时父母就不要把孩子排除在外了，让他们也参与进来，他们可以帮忙一起擦桌子，也可以帮忙递个东西，扔个垃圾等；妈妈在拖地或是做饭时，也可以让孩子参与进来；给家里阳台上种植的花和菜浇水的任务，父母也可以托付给孩子……这种履行家庭劳动的好习惯，有利于培养孩子尊重他人劳动的品质，也有利于培养他们的独立性。

男孩的成长需要磨砺，而家务劳动是一项很好的锻炼，它是男孩通向美好生活的钥匙，它可以让男孩成长为一个有担当、会爱人、会生活的男子汉。所以，我们呼吁让男孩早早地参与到家务劳动中去。

**爸爸妈妈有话说：**

儿子，你是一个小小男子汉了，妈妈认为你应该参与到家务劳动中来，虽说家务劳动有些琐碎，但是却深深地影响着我们的生活。爸爸妈妈希望你将来独自生活时，可以从容地安排，可以在工作之余打造一个让你“加油”的地方，学习做家务，料理好自己的生活就是你必备的一项技能。

## 积极参加社会实践

男孩应当积极参加社会实践活动，了解社会问题。这样不仅锻炼了孩子的独立性，也会开拓孩子的视野，增强孩子的沟通能力以及社会实践能力，让孩子变得人情练达，以便于将来更好地适应社会。

现在，很多家长也渐渐开始注重起参加社会实践的问题了。有很多家长会为孩子批发一些小玩具之类的物品，让孩子去集市、公园等地方摆摊，他们这么做倒不是为了赚钱，而是让孩子多锻炼锻炼。经过这样锻炼的孩子，性格沉稳，知道节约用钱，懂得合理地花钱，可以与人顺畅地沟通……与那些在爸爸妈妈保护之下的孩子相比，有着明显的差距。

学校作为教育的场所，也增加了社会实践这样的课程。很多学校会以班级为单位，带孩子们去参加社会实践。比如，去敬老院开展爱老敬老活动，去一些公共场所捡垃圾等，让孩子从小就知道爱老敬老，知道保护我们地球的环境，将爱老敬老以及环保的理念早早地根植于孩子的心间，这无疑是最好的教育之一了。

李小柏今年10岁了，他晚上写完作业后，忽然听到有“滴答、滴答……”的声音，循着声音，才发现原来是厨房的水龙头没有关好。于是他去关好了水龙头，然后走到客厅，与正在看电视的妈妈说：“妈妈，你以后要把厨房的水龙头拧紧了，不然会浪费水资源。”

妈妈不以为然，说道：“可能是我刚刚洗水果时，没有关紧吧。再说了，只是几滴水而已，没关系的，你早点儿去睡吧。”

李小柏并不赞同妈妈的话，他告诉妈妈：“妈妈，你知道吗？水是生命之源，是人类赖以生存的基本条件，但是水并不是取之不尽、用之不竭的，而且还有许多人，是无法获得足够的水的。如果我们每个人都节约一滴水，那么汇聚起来，能够解决很多人的饮水问题呢。所以，妈妈，我们一定要节约每一滴水。”

妈妈看着儿子知道这么多，觉得很不可思议，于是就询问：“可是，儿子，你是怎么知道这些的啊？”

李小柏说道：“这是因为学校开展了社会实践活动，有专门的老师为我们讲授了这方面知识，而且还带我们去社区派发传单，让大家都参加到节约用水的活动中来呢。”

案例中的李小柏同学，通过参加学校组织的社会实践活动，知道了应该节约用水，并且身体力行地让身边的人也开始节约用水。他脑海中已经有了节约用水的概念，那么在以后的时光中，他本人以及身边的人也会将这个观念贯彻下去。这便是参加社会实践的意义了吧。

参加社会实践的益处显而易见，家长可以多多鼓励自己的孩子，让他们积极参加社会实践，也可以为自己的孩子创造机会，让他们通过社会实践锻炼自己，拓展社会知识，获得一些好的理念。比如，让孩子参加保护环境的社会实践，孩子知道了不乱扔垃圾，电池要放在特定的地方，还知道应该给垃圾分类；让孩子参加劳动社会实践，孩子会体会到“粒粒皆辛苦”，从而更加珍惜粮食；让孩子参加普通话推广的社会实践，孩子会练习普通话，将普通话说得更好，也会带动周围的人一起讲普通话。可见，让孩子参加社会实践对他们来说是十分有益的事情。

因此，我们建议父母做到以下几点：

1. 舍得放手。

很多时候，不是孩子走不出保护圈，而是父母总是不舍得放手，也因此将儿子养得飞扬跋扈，不识人间疾苦，相信这不是父母愿意看到的。只有父母真正放手，让孩子去参加一些社会实践，让他们亲自去感受，去学习，才能够培养出真正的男子汉！

2. 父母应该多多鼓励孩子。

有一些孩子，性格较为内向，不爱去参加社会实践，这时，就需要父母多多鼓励孩子，为孩子提供社会实践的机会，相信孩子可以通过社会实践有所收获。

最后，我想说，无论孩子选择什么样的社会实践，都一定可以使孩子的应变能力、沟通能力等得到一定程度的提高。孩子可以在实践中体会人情、学习知识，变得有爱心、有耐心，变得独立和有担当。所以，积极参加社会实践，对孩子的未来有着重要的影响。

**爸爸妈妈有话说：**

儿子，自从你参加了社会实践后，爸爸妈妈发现你变得更好了，你可以与人游刃有余地交谈了，更加有爱心了，也更加独立了。可见，参加社会实践真的好处多多，爸爸妈妈希望你以后继续积极参加社会实践，让自己成为更好的自己。儿子，加油哦！

# 学会处理突发事件

男孩要有处理突发事件的能力。父母不要想着为孩子挡去一切风险，因为你不知道什么时候，这些突发事件就出现了。父母要做的就是让孩子拥有处理突发事件的能力，让他们在突发事件发生时具备保护自身安全的能力。

突发事件是人难以预料到的，是猝不及防发生的，它们可以是自然灾害，可以是事故灾难，也可以是公共卫生事件以及社会安全事件，甚至可能是简单的发烧感冒，或是迷路之类的情况。因此，当男孩遇到这类事情时，首先要镇静下来，一般大事情找外援，小事情自己能及时处理就处理，不能及时处理可就报告给老师或者家长，请他们帮忙处理。

现实生活中，很多父母在孩子还没来得及自己处理时，便将这些突发事件给处理好了，使孩子失去了锻炼的机会，所以当他们独自遇到这类突发事件时，缺乏应对的能力，常常处理不好。比如很多新闻中报道的事件，几个小男孩在河边玩水，当一个小孩被水草绊住，或是被漩涡卷走时，其他小孩都一个个跳进去救他，最终被一起淹死了。如果此时这些小孩懂得怎么处理这种突发事件，就会去寻求外援，而不会在明知自己能力不足的情况下，还执意下水救人。

李铭13岁了，学习成绩突出，也酷爱踢足球，他经常在课间与同学一起踢足球。

这一天体育课上，李铭又在踢足球，足球被一个同学踢出了足球场，砸在了一个女生的鼻子上，当时，那个女生的鼻血就流出来了，吓得她“呜呜”地哭了起来。

李铭赶紧跑了过去,看了现场的情况,迅速做出了判断,他一边迅速帮女生止血，一边扶着她往医务室走去，同时还让一位同学去找老师。

等来到医务室后,校医说女生鼻子里的毛细血管破了,没有什么大事，还好处理得及时，现在上些药就好了。

案例中，李铭同学在遇到突发事故时，没有慌乱，而是迅速处理，反映了他处理突发事件的能力。我想，父母们都希望自己的孩子像李铭这样，遇到突发事件时，不是胆小怯懦与惊慌失措，而是具有一种冷静处理事情的能力。

但是李铭的这种能力不是天生就有的，是平日里慢慢锻炼出来的，比如遇到一些突发事件时，父母会让李铭去解决，孩子解决不了时，他们才会从旁指导。而大多数父母，恨不得马上把问题解决掉，将孩子放在一个完全安全的环境当中。以李铭父母这样的培养方式培养出来的孩子，一定可以很出色地处理很多突发事件。

对于锻炼孩子处理突发事件的能力，我们提出以下几点建议：

1. 父母要信任孩子。

当发生一些突发事件时，父母要相信自己的孩子能处理好，你的信任给了孩子成长的空间。正是由于父母的信任，孩子才有底气去处理任何突发事件。

2. 父母要教会孩子保护自己。

父母不可能时时处处陪着孩子，所以教会孩子保护自己，才是一个爱孩子的家长该做的事情。比如，告诉孩子遇到坏人要打110,或是寻求警察、保安一类的人员的帮助;遇到火灾要打119，而不是自己冲上去救火；遇到有人晕倒打120急救电话；当处于危险的境地时，需要懂得一些“SOS”之类的求救信号。

3. 父母还应该帮助孩子模拟一些场景。

孩子的年龄还不大，缺乏社会经验，对会遇到哪些突发状况，也缺乏直观的概念。这时，如果父母光是讲的话，孩子可能并不能理解。这就需要父母去模拟一些可能会遇到的突发状况的场景。比如，孩子正在路上走着，感觉到有尾随的人，此时应该怎么处理，父母可以模拟情景，让孩子有身临其境的感觉，相信这样做可以让他们对突发事件有更清晰的认知。

因此，教会孩子处理突发事件，让孩子具备自我保护的能力，相当于为孩子披上了一层坚固的铠甲，为孩子的成长助力，而孩子也会因为这些能力受益一生。

儿子，你在渐渐长大，也会渐渐离开爸爸妈妈的羽翼，独自去搏击长空。在这个过程中，你将会遇到很多突发事件，如果你能够处理好，那么说明你在逐渐成长；如果你处理得不太妥当，那么你也不要不好意思寻求爸爸妈妈的帮助，我们一直站在你身后，是你最坚实的后盾。

## 学会独立思考

德国著名哲学家叔本华曾经说过：“独立思考比读书更重要。”爱因斯坦也曾经说过：“学会独立思考和独立判断比获得知识更重要。不下决心培养思考习惯的人，便失去了生活的最大乐趣。发展独立思考和独立判断的一般能力，应当始终放在首位，而不应当把获得专业知识放在首位。”由此可见，独立思考的重要性。我们男孩子一定要学会独立思考，以为将来的独立生活做准备。

男孩要学会独立思考，因为独立思考可以让你做一个有思想的人。通常，有思想的人都具有一颗强大的内心，无论将来遇到什么，它都会支撑你走过困难，迎向朝阳。此外，独立思考还可以让你在面对抉择时，做出正确的判断和选择，让你走上正确的路，让你掌控自己的工作和生活，主宰自己的人生。

然而，现实生活中，许多人喜欢人云亦云、随波逐流，他们并不具备独立思考的能力，他们喜欢得过且过，喜欢今朝有酒今朝醉，不喜欢去思考明天和未来，也不喜欢思考人生。他们的判断和选择是在大多数人的基础上的，所以，他们的人生也很平淡。

李青是个四年级小孩，原本，他与大多数小孩子一样，每天上学、放学、写作业、玩耍，按部就班，没有任何不同。

有一天，他在奶奶家的院子里玩耍，这时天空忽然飘来了一朵巨大的乌云，遮住了太阳，他觉得凉爽多了，还很开心地喊着："要下雨了，要下雨了……"

这时，奶奶听到他的喊声，连忙搬起了院子里放的花盆，李青不解地问道："奶奶，你为什么要搬花啊？让雨水淋一下，还不用浇水了呢。"奶奶说道："不行啊，这些花正在吐花骨朵儿，一旦被雨淋，花骨朵儿会掉的。"奶奶一边说着，一边着急地搬着花。可是花实在是太多了，奶奶怎么都搬不完，而且一不小心，还扭了脚。

李青看着奶奶受伤了，连忙帮忙搬起了花，但是有些花盆太大了，他也觉得很吃力。他想，如果这些花下雨的时候不用搬就好了，可又不能让它们淋雨，该怎么办呢？他想着给这些花盖个小房子不就行了吗？可是当他将这个想法与奶奶说时，奶奶说花每天还要晒太阳，他这个想法不可行。李青又琢磨了起来，忽然，他想到了可以建一座智能的玻璃花房，只要一按遥控器，玻璃就会自动敞开，当下雨时，它还会自动关闭，这样，奶奶就不用总是搬了。

可是这个涉及高科技，他有些不懂，于是去寻求爸爸的帮助。在爸爸的指导下，李青终于将理想中的智能玻璃花房建立起来了。

案例中的李青，因为经历了奶奶在雨天搬花盆的事情，目睹了奶奶受伤的全过程，他学会了思考，并且将自己的设想想办法做了出来。这件事情虽然不大，过程也简单，但是李青却通过生活中的小事情学会了独立思考，并且具备了创造力和行动力。当想法实现的那一刻，他也获得了满足感。我们相信，只要他保持着独立思考的能力，那他的学习也一定差不到哪里去，他将来的人生也会掌控在自己手里。

独立思考是一件很重要的事情，一些各领域的杰出人物，也正是拥有了这项能力，才在各自的领域里闪闪发光的。比如著名数学家、天文学家哥白尼，因为敢于质疑，这才提出了日心说，为天文学带来一场巨大变革。还有著名的科学家、物理学家爱因斯坦，正是由于善于独立思考，对权威人士提出的理论有所质疑，这才有了震惊世界的相对论的出现。可见，独立思考可以激发创造力，也会成就人生。

既然独立思考这么重要，那么父母想要培养出一个会独立思考的孩子，则需要注意以下几点：

1. 引导孩子自己去寻找答案。

当孩子向你询问时，父母不应该直接告诉孩子答案，而是应该引导他们去查找资料，让他们自己思考，自己去确认标准答案。

2. 让孩子保持一颗好奇心。

当孩子拥有了一颗好奇心，他们会忍不住去接触新事物，不断地去探索和发现，也会一直去思考，以寻求答案。

因此，男孩要拥有独立思考的能力，因为独立思考是开启独立之路的一把关键性钥匙。当你拿到了这把钥匙后，你会对身边的事情有自己的观点，你会找到奋斗的目标，从而掌控自己的人生，成就更好的自己。

**爸爸妈妈有话说：**

儿子，爸爸妈妈觉得你有些浮躁，有些人云亦云，有些过于关注别人了，这样是不对的，我们希望你将关注点放在自己身上。首要的就是要学会思考，可能你依然一头雾水，爸爸妈妈希望你每天坚持阅读，将阅读当成你每天的必修课，相信你将从阅读中学会独立思考，找到自我。